团头鲂“华海 1 号”成鱼

团头鲂“华海 1 号”鱼种

黄姑鱼“金鳞 1 号”

U0195539

凡纳滨对虾“广泰 1 号”

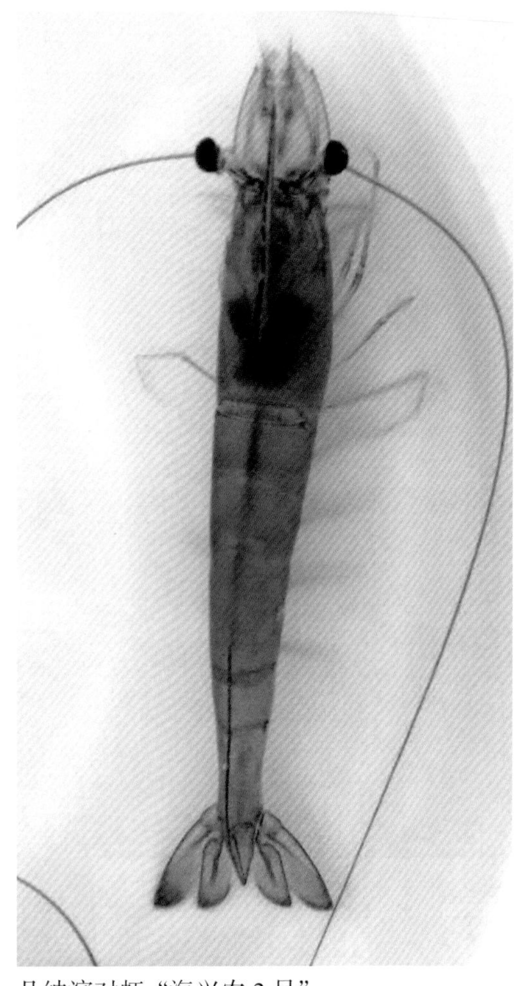

凡纳滨对虾“海兴农 2 号”

凡纳滨对虾“海兴农 2 号”

海湾扇贝“海益丰 12”

中华绒螯蟹“诺亚 1 号”（雌）

中华绒螯蟹“诺亚 1 号”（雄）

长牡蛎“海大 2 号”亲贝

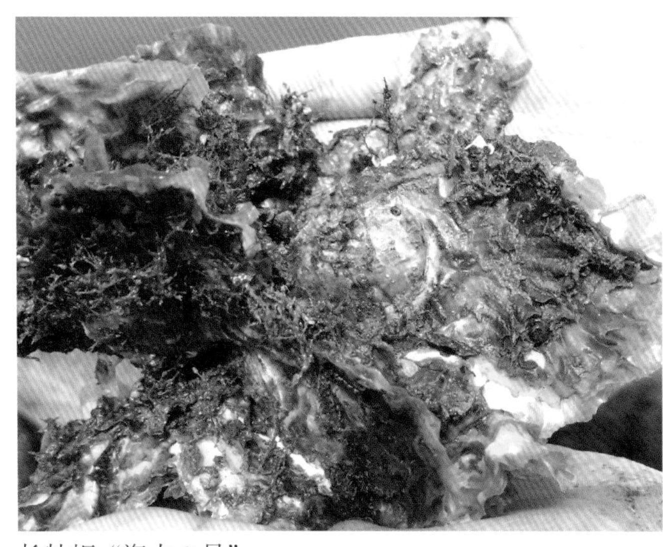

长牡蛎“海大 2 号”

葡萄牙牡蛎“金蛎 1 号”

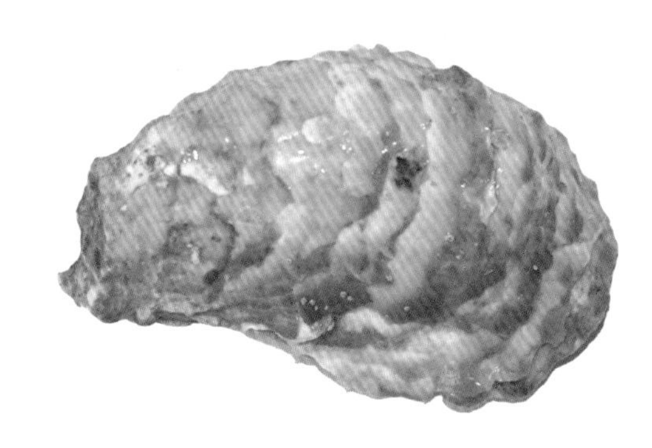

葡萄牙牡蛎“金蛎 1 号”

菲律宾蛤仔“白斑马蛤”

菲律宾蛤仔“白斑马蛤”

合方鲫

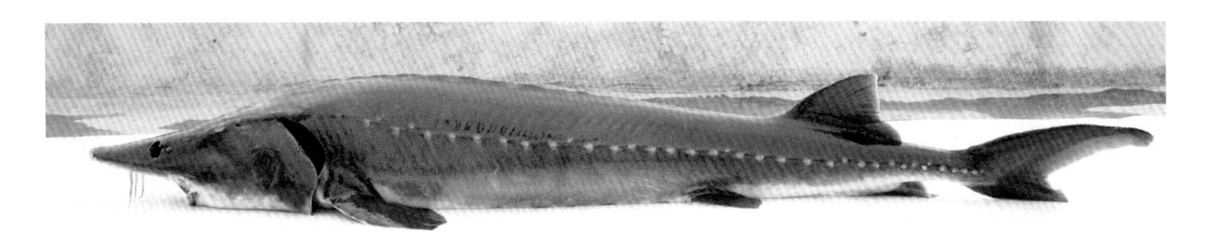

杂交鲟“鲟龙 1 号”

长珠杂交鳜

虎龙杂交斑母本棕点石斑鱼

虎龙杂交斑父本鞍带石斑鱼

虎龙杂交斑

牙鲆“鲆优 2 号”

2017 水产新品种推广指南

全国水产技术推广总站　编

海洋出版社

2017 年 · 北京

图书在版编目（CIP）数据

2017水产新品种推广指南/全国水产技术推广总站编.
—北京：海洋出版社，2017.8

ISBN 978-7-5027-9912-0

Ⅰ.①2… Ⅱ.①全… Ⅲ.①水产养殖-指南 Ⅳ.①S96-62

中国版本图书馆CIP数据核字（2017）第207335号

责任编辑：杨　明

责任印制：赵麟苏

海洋出版社　**出版发行**

http：//www.oceanpress.com.cn

北京市海淀区大慧寺路8号　邮编：100081

北京朝阳印刷厂有限责任公司印刷　　新华书店发行所经销

2017年8月第1版　2017年8月北京第1次印刷

开本：787mm×1092mm　1/16　印张：16　　彩插：6

字数：216千字　定价：50.00元

发行部：62132549　邮购部：68038093　总编室：62114335

海洋版图书印、装错误可随时退换

《2017水产新品种推广指南》
编委会

主　　任： 肖　放

副 主 任： 胡红浪

主　　编： 朱莉萍　王建波　高　勇　冯启超

编审人员： （按姓氏笔划排序）

王卫民　王志勇　王建波　包振民

冯启超　朱莉萍　刘少军　闫喜武

李桂峰　李　琪　张海发　张　颖

陈松林　陈荣坚　相建海　徐　跑

高　勇　曾志南

前　言

2016年12月，第五届全国水产原种和良种审定委员会第四次会议审定通过了14个水产新品种，农业部公告第2515号予以公布。为促进这些新品种在水产养殖生产中的推广应用，我们组织有关单位的培育和技术专家编写了此书。

本书重点介绍了新品种的培育过程、品种特性、人工繁殖及养殖技术等，提供了良种供应单位信息，适合科研、推广、养殖技术人员和养殖生产者阅读参考。

水产新品种不适宜进行增殖放流。

本书的编写得到了新品种培育单位科技人员的大力支持，在此我们表示衷心感谢！因编者水平所限，书中不妥之处，敬请广大读者批评指正。

编　者

2017年5月

目　　录

团头鲂"华海1号"

黄姑鱼"金鳞1号"

凡纳滨对虾"广泰1号"

凡纳滨对虾“海兴农2号”

中华绒螯蟹“诺亚1号”

海湾扇贝“海益丰 12”

长牡蛎“海大 2 号”

葡萄牙牡蛎“金蛎1号”

菲律宾蛤仔“白斑马蛤”

合方鲫

杂交鲟“鲟龙1号”

长珠杂交鳜

虎龙杂交斑

牙鲆“鲆优2号”

中华人民共和国农业部公告

第 2515 号

第五届全国水产原种和良种审定委员会第四次会议审定通过了团头鲂“华海 1 号”等 14 个水产新品种，现予公告。

附件：1. 第五届全国水产原种和良种审定委员会第四次会议审定通过品种名录

2. 第五届全国水产原种和良种审定委员会第四次会议审定通过品种简介

农　业　部

2017 年 4 月 13 日

附件 1

第五届全国水产原种和良种审定委员会第四次会议审定通过品种名录

品种登记号	品种名称	育种单位
GS-01-001-2016	团头鲂“华海 1 号”	华中农业大学、湖北百容水产良种有限公司、湖北省团头鲂(武昌鱼)原种场
GS-01-002-2016	黄姑鱼“金鳞 1 号”	集美大学、宁德市横屿岛水产有限公司
GS-01-003-2016	凡纳滨对虾“广泰 1 号”	中国科学院海洋研究所、西北农林科技大学、海南广泰海洋育种有限公司
GS-01-004-2016	凡纳滨对虾“海兴农 2 号”	广东海兴农集团有限公司、广东海大集团股份有限公司、中山大学、中国水产科学研究院黄海水产研究所
GS-01-005-2016	中华绒螯蟹“诺亚 1 号”	中国水产科学研究院淡水渔业研究中心、江苏诺亚方舟农业科技有限公司、常州市武进区水产技术推广站
GS-01-006-2016	海湾扇贝“海益丰 12”	中国海洋大学、烟台海益苗业有限公司
GS-01-007-2016	长牡蛎“海大 2 号”	中国海洋大学、烟台海益苗业有限公司
GS-01-008-2016	葡萄牙牡蛎“金蛎 1 号”	福建省水产研究所
GS-01-009-2016	菲律宾蛤仔“白斑马蛤”	大连海洋大学、中国科学院海洋研究所
GS-02-001-2016	合方鲫	湖南师范大学
GS-02-002-2016	杂交鲟“鲟龙 1 号”	中国水产科学研究院黑龙江水产研究所、杭州千岛湖鲟龙科技股份有限公司、中国水产科学研究院鲟鱼繁育技术工程中心
GS-02-003-2016	长珠杂交鳜	中山大学、广东海大集团股份有限公司、佛山市南海百容水产良种有限公司
GS-02-004-2016	虎龙杂交斑	广东省海洋渔业试验中心、中山大学、海南大学、海南晨海水产有限公司
GS-02-005-2016	牙鲆“鲆优 2 号”	中国水产科学研究院黄海水产研究所、海阳市黄海水产有限公司

附件 2

第五届全国水产原种和良种审定委员会第四次会议审定通过品种简介

一、品种登记说明

全国水产原种和良种审定委员会审定通过的品种登记号说明如下：

（一）“G”为“国”的第一个拼音字母，“S”为“审”的第一个拼音字母，以示国家审定通过的品种。

（二）“01”“02”“03”“04”分别表示选育、杂交、引进和其他类品种。

（三）“001”“002”……为品种顺序号。

（四）“2016”为审定通过的年份。

如：“GS-01-001-2016”为团头鲂“华海 1 号”的品种登记号，表示 2016 年国家审定通过的 1 号选育品种。

二、品种简介

（一）品种名称：团头鲂“华海 1 号”

品种登记号：GS-01-001-2016

亲本来源：团头鲂野生群体

育种单位：华中农业大学、湖北百容水产良种有限公司、湖北省团头鲂（武昌鱼）原种场品种简介：该品种是以2007年至2008年从湖北梁子湖、淤泥湖和江西鄱阳湖收集的680组野生团头鲂亲鱼为基础群体，以生长速度和成活率为目标性状，采用家系选育、群体选育及鱼类亲子鉴定技术，经连续4代选育而成。在相同养殖条件下，与未经选育的团头鲂相比，1龄鱼生长速度提高24%以上，成活率提高22%以上；2龄鱼生长速度提高22%以上，成活率提高20%以上。适宜在全国各地人工可控的淡水水体中养殖。

（二）品种名称：黄姑鱼“金鳞1号”

品种登记号：GS-01-002-2016

亲本来源：黄姑鱼养殖群体

育种单位：集美大学、宁德市横屿岛水产有限公司

品种简介：该品种是以2008年从福建宁德官井洋、东吾洋和三都澳等3个不同养殖群体中挑选的112尾雌鱼和98尾雄鱼为基础群体，以生长速度和成活率为目标性状，采用群体选育技术，经连续4代选育而成。在相同养殖条件下，与未经选育的黄姑鱼相比，18月龄鱼生长速度提高20%以上，成活率提高20%以上；24月龄鱼生长速度提高24%以上，成活率提高24%以上。适宜在福建、浙江沿海人工可控的海水水体中养殖。

（三）品种名称：凡纳滨对虾“广泰1号”

品种登记号：GS-01-003-2016

亲本来源：凡纳滨对虾引进群体、凡纳滨对虾“科海1号”

育种单位：中国科学院海洋研究所、西北农林科技大学、海南广泰海洋育种有限公司

品种简介：该品种是以2008年引进的CP（泰国正大卜蜂集团）、KonaBay（美国科纳湾海洋资源公司）、OI（夏威夷海洋研究所）凡纳滨对虾

种虾和凡纳滨对虾“科海 1 号”（GS-01-006-2010）为基础群体，以生长速度和成活率为目标性状，先采用家系选育技术，经连续 7 代选育形成快长系、高存活/高繁系、高存活/快长系、高繁系 4 个品系，再通过 4 系配套制种技术选育而成。在相同养殖条件下，与 SIS（美国对虾改良系统有限公司）虾苗相比，120 日龄虾生长速度平均提高 16%，成活率平均提高 30%。适宜在全国各地人工可控的海水及咸淡水水体中养殖。

（四）品种名称：凡纳滨对虾“海兴农 2 号”

品种登记号：GS-01-004-2016

亲本来源：凡纳滨对虾引进群体

育种单位：广东海兴农集团有限公司、广东海大集团股份有限公司、中山大学、中国水产科学研究院黄海水产研究所

品种简介：该品种是以 2010 年至 2011 年从美国夏威夷、佛罗里达、关岛以及新加坡等地引进的 8 批次凡纳滨对虾种虾为基础群体，以生长速度和成活率为目标性状，采用 BLUP（最佳线性无偏预测）选育技术，经连续 5 代选育而成。在相同养殖条件下，与未经选育的虾苗及部分进口一代虾苗相比，100 日龄虾生长速度提高 11%以上，成活率提高 13%以上。适合在全国各地人工可控的海水及咸淡水水体中养殖。

（五）品种名称：中华绒螯蟹“诺亚 1 号”

品种登记号：GS-01-005-2016

亲本来源：中华绒螯蟹长江水系野生群体

育种单位：中国水产科学研究院淡水渔业研究中心、江苏诺亚方舟农业科技有限公司、常州市武进区水产技术推广站

品种简介：该品种是以 2004 年和 2005 年在长江干流江苏仪征段分别收

集挑选的中华绒螯蟹野生亲蟹689只和567只为基础群体，以生长速度为目标性状，采用群体选育技术，奇数年和偶数年分别进行，经连续5代选育而成。在相同养殖条件下，与未经选育的长江水系野生中华绒螯蟹相比，奇数年成蟹生长速度平均提高19.9%，偶数年成蟹生长速度平均提高20.7%。适宜在全国各地人工可控的淡水水体中养殖。

（六）品种名称：海湾扇贝“海益丰12”

品种登记号：GS-01-006-2016

亲本来源：海湾扇贝养殖群体

育种单位：中国海洋大学、烟台海益苗业有限公司

品种简介：该品种是以2011年从山东烟台莱州和青岛胶南海域海湾扇贝养殖群体中收集挑选的1000枚个体为基础群体，以壳色、壳高、抗逆性为目标性状，采用群体选育和全基因组选择育种技术，经连续4代选育而成。贝壳为黑褐色。在相同养殖条件下，与未经选育的海湾扇贝相比，7月龄贝壳高平均提高31.5%，成活率平均提高13.2%。适宜在山东、河北和辽宁沿海养殖。

（七）品种名称：长牡蛎“海大2号”

品种登记号：GS-01-007-2016

亲本来源：长牡蛎野生群体

育种单位：中国海洋大学、烟台海益苗业有限公司

品种简介：该品种是以2010年从山东沿海长牡蛎野生群体中筛选出的左壳色为金黄色的300枚个体为基础群体，以壳色和壳高为目标性状，采用家系选育和群体选育技术，经连续4代选育而成。贝壳和外套膜均为金黄色。在相同养殖条件下，与未经选育的长牡蛎相比，15月龄贝壳高平均提高

39.7%。适宜在江苏及以北沿海养殖。

（八）品种名称：葡萄牙牡蛎“金蛎1号”

品种登记号：GS-01-008-2016

亲本来源：葡萄牙牡蛎野生群体和养殖群体

育种单位：福建省水产研究所

品种简介：该品种是以2009年在福建、广东收集的葡萄牙牡蛎野生群体和养殖群体的人工繁殖后代2万枚个体为基础群体，以壳色和体重为目标性状，采用群体选育技术，经连续4代选育而成。贝壳为金黄色。在相同养殖条件下，与未经选育的葡萄牙牡蛎相比，12月龄贝单体养殖体重提高22%以上。适宜在福建及以南沿海养殖。

（九）品种名称：菲律宾蛤仔“白斑马蛤”

品种登记号：GS-01-009-2016

亲本来源：菲律宾蛤仔野生群体

培育单位：大连海洋大学、中国科学院海洋研究所

品种简介：该品种是以2009年从辽宁大连菲律宾蛤仔野生群体中选择出的壳面具有斑马纹的个体和白色且左壳背缘具有一条纵向深色条带的个体为基础群体，以壳色和壳长为目标性状，采用群体选育技术，经连续4代选育而成。壳面有白底斑马花纹，左壳背缘有一条纵向黑色条带。在相同养殖条件下，与未经选育的菲律宾蛤仔相比，2龄贝壳长平均提高16.5%。适宜在我国沿海养殖。

（十）品种名称：合方鲫

品种登记号：GS-02-001-2016

亲本来源：日本白鲫（♀）×红鲫（♂）

育种单位：湖南师范大学

品种简介：该品种是以20世纪70年代从日本引入我国并经5代群体选育的日本白鲫雌体为母本，以从湘江采捕并经5代群体选育的红鲫雄体为父本，杂交获得的F_1代，即合方鲫。在相同养殖条件下，1龄鱼生长速度比母本日本白鲫平均提高30.3%，比父本红鲫平均提高53%。适宜在全国各地人工可控的淡水水体中养殖。

（十一）品种名称：杂交鲟“鲟龙1号”

品种登记号：GS-02-002-2016

亲本来源：达氏鳇（♀）×施氏鲟（♂）

育种单位：中国水产科学研究院黑龙江水产研究所、杭州千岛湖鲟龙科技股份有限公司、中国水产科学研究院鲟鱼繁育技术工程中心

品种简介：该品种是以从黑龙江抚远江段采捕并分别经2代群体选育后获得的达氏鳇雌体为母本、施氏鲟雄体为父本，杂交获得的F_1代，即杂交鲟“鲟龙1号”。在相同养殖条件下，1龄鱼生长速度比父本施氏鲟平均提高19.1%；4龄鱼生长速度比父本施氏鲟平均提高90.3%；7龄鱼性腺指数比母本达氏鳇高3.93，比父本施氏鲟高2.44。适宜在全国各地人工可控的淡水水体中养殖。

（十二）品种名称：长珠杂交鳜

品种登记号：GS-02-003-2016

亲本来源：翘嘴鳜（♀）×斑鳜（♂）

育种单位：中山大学、广东海大集团股份有限公司、佛山市南海百容水产良种有限公司

品种简介：该品种是以从洞庭湖采捕并经4代群体选育的翘嘴鳜雌体为母本，以从珠江采捕并经2代群体选育的斑鳜雄体为父本，杂交获得的F_1代，即长珠杂交鳜。在相同养殖条件下，7月龄鱼成活率比母本翘嘴鳜平均提高20%，平均体重是父本斑鳜的3.2倍。适宜在我国珠江及长江流域人工可控的淡水水体中养殖。

（十三）品种名称：虎龙杂交斑

品种登记号：GS-02-004-2016

亲本来源：棕点石斑鱼（♀）×鞍带石斑鱼（♂）

育种单位：广东省海洋渔业试验中心、中山大学、海南大学、海南晨海水产有限公司

品种简介：该品种是以分别经2代群体选育的棕点石斑鱼雌体为母本、鞍带石斑鱼雄体为父本，杂交获得的F_1代，即虎龙杂交斑。在相同养殖条件下，14月龄鱼平均体重是母本棕点石斑鱼的2.1倍；与父本鞍带石斑鱼相比，育苗难度降低。适宜在全国各地人工可控的海水和咸淡水水体中养殖。

（十四）品种名称：牙鲆“鲆优2号”

品种登记号：GS-02-005-2016

亲本来源：中国的牙鲆抗鳗弧菌病群体与日本的牙鲆群体杂交后代（♀）×中国的牙鲆抗鳗弧菌病群体与韩国的牙鲆群体杂交后代（♂）

育种单位：中国水产科学研究院黄海水产研究所、海阳市黄海水产有限公司

品种简介：该品种是以2003年选育的中国的牙鲆抗鳗弧菌病群体与日本的牙鲆群体杂交后经3代选育获得的生长快品系雌体为母本，以中国的牙鲆抗鳗弧菌病群体与韩国的牙鲆群体杂交后经2代选育获得的抗迟缓爱德华氏

菌病品系雄体为父本，杂交获得的 F_1 代，即牙鲆“鲆优 2 号”。在相同养殖条件下，与未经选育的牙鲆相比，18 月龄鱼生长速度平均提高 20%，成活率平均提高 20%。适宜在我国沿海人工可控的海水水体中养殖。

团头鲂"华海1号"

一、品种概况

（一）培育背景

团头鲂（*Megalobramaamblycephala*），又名武昌鱼，属鲤形目（Cypriniformes），鲤科（Cyprinidae），鲌亚科（Cultrinae），鲂属（*Megalobrama*），是我国特有的重要草食性经济鱼类之一，也是新中国成立后人工驯养成功的第一种鱼类。团头鲂具有味美、头小、含肉率高、体形好、规格适中、易加工、食用方便等优点，已被作为优良的草食性鱼类在全国普遍推广，其养殖规模、产量、产值等逐年增加。然而团头鲂自然分布非常狭窄，主要分布在湖北省梁子湖、淤泥湖以及江西省鄱阳湖3个湖泊等水体，遗传多样性低，近亲繁殖极易引起经济性状衰退。三十多年来，团头鲂在人工养殖过程中，养殖群体先后出现了生长速度减慢、抗病抗逆能力降低、性成熟提早等不良现象。

华中农业大学水产学院自2007年承担农业部国家大宗淡水鱼类产业技术体系团头鲂种质资源与育种岗位，联合广东海大集团下属湖北百容水产良种有限公司和湖北省团头鲂（武昌鱼）原种场，立足于团头鲂种业可持续发展需求，开展团头鲂分子育种技术体系及高产抗逆优良品种的培育和推广研究。现经连续4代选育，培育成遗传稳定、生长快、成活率高的团头鲂新品种，定名为团头鲂"华海1号"（图1和图2）。

图 1　团头鲂“华海 1 号”成鱼

图 2　团头鲂“华海 1 号”鱼种

（二）育种过程

1. 亲本来源

梁子湖、淤泥湖、鄱阳湖的团头鲂原种亲本。

2. 选育过程

2007—2008 年，收集团头鲂野生群体，包括湖北省团头鲂（武昌鱼）原种场团头鲂亲本 280 组，淤泥湖国家级团头鲂种质资源保护库团头鲂亲本 200 组、江西省鄱阳湖团头鲂亲本 200 组。

F_1 选育：2009 年，采用梁子湖、淤泥湖、鄱阳湖团头鲂天然群体（原种）亲本构建群体内家系 118 个，群体间家系 54 个，总计 172 个 F_1 代家系。2010 年年底，在比较每个家系生长和成活率的基础上，评估个体的育种值，选择了综合性状较优良的家系共计 76 个。

F_2 选育：2011 年，从 76 个家系中选择体重大于 500 克的个体共 580 尾，通过微卫星亲子鉴定技术，鉴定其系谱，在避免近亲繁殖的条件下，繁育 110 个 F_2 代家系。2011 年 9 月底，比较每个家系的生长和成活率，保留平均体重大于 18 克，成活率高于 75%的家系 78 个。然后从每个家系中随机选取 300 尾，共计 23 400 尾鱼种运往海南育种基地。

F_3 选育：2012 年 3 月挑选优良个体，用 SSR 标记进行亲子鉴定，评估个体间的遗传距离；选取来源于不同家系的亲本，繁育 155 个 F_3 家系。2012 年 8 月底，通过比较每个家系的生长和成活率，筛选优良 F_3 家系 104 个。2012 年 12 月，从 F_3 后代中筛选出生长速度较快（体重大于 500 克）的 1 280 尾作为候选繁育亲本。

F_4 选育：2013 年 4 月，选取来源于不同家系，个体间遗传距离为 0.75 以上的个体繁育 120 个 F_4 家系。F_4 代鱼苗放养于海南继续筛选，作为“华海 1 号”后备亲本。同时空运至湖北百容水产良种有限公司 600 多万 F_4 尾鱼苗，一部分作为生长与成活率对比试验用，一部分作为中试对比试验用。2014 年在海南完成选育的 F_4 于 3 月空运 200 组亲本到湖北百容水产良种有限公司，6 月大批量繁殖获得 F_5 代鱼苗。

在选育过程中，应用亲子鉴定和性状关联分子标记技术及数量遗传学分析（包括个体育种值、性状遗传力、性状遗传相关和表型相关等），提高选育的效应值。经过4代系统选育，获得遗传性状稳定、生长快、成活率高的优良品种——团头鲂“华海1号”（图3）。

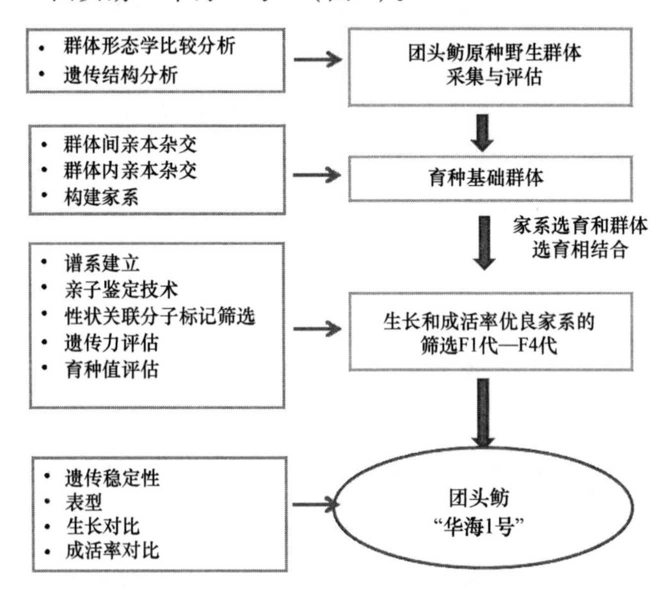

图3 团头鲂“华海1号”培育技术路线

（三）品种特性和中试情况

1. 品种特性

团头鲂“华海1号”具有遗传性状稳定、生长快、成活率高等优良特征，在相同养殖条件下，与未经选育群体相比，1龄鱼和2龄鱼生长速度分别快24.3%～30.6%和22.9%～28.7%，成活率分别高22.2%～32.6%和20.5%～30.0%。

2. 中试情况

2013—2015 年，先后在湖北、湖南、江苏、天津等地区开展团头鲂“华海 1 号”的中试养殖，采取池塘套样和主养两种方式（图 4），用当地养殖的团头鲂作对照，养殖池塘为 20~50 亩①，养殖周期为 1~2 年。累计中试养殖面积 5 085 亩，在中试中，团头鲂“华海 1 号”较本地的团头鲂种苗表现出较好的生长优势和成活率，比当地养殖的团头鲂平均亩增产 30%以上，存活率提高 28%以上，未发生严重病害现象，套养团头鲂“华海 1 号”每亩可增收 1 000 元，增产增收，是适宜在全国范围内养殖的团头鲂新品种。

图 4　育种基地家系单独孵化及养殖的孵化桶、水泥池和网箱

二、人工繁殖技术

（一）亲本选择与培育

养殖户或繁育公司可从选育单位获得团头鲂“华海 1 号”的后备亲本或

① 亩：非法定计量单位，1 亩≈666.67 平方米。

苗种。

1. 亲鱼选择

若从选育单位获得团头鲂“华海 1 号”的后备亲本，鱼龄为 2~5 龄较好，体重 0.75~2.0 千克，鱼体体型标准，体质健壮，无病无伤无畸形。亲鱼放养前，采用 3%~4%的食盐水浸洗 5~10 分钟，进行鱼体消毒后，放于 3~5 亩的池塘中，按每亩 100~150 千克的密度放养。另外在池内搭配放养 10%的鲢鳙，以保持亲鱼池良好的水质。

2. 亲鱼培育

春季要做好亲鱼的培育，促进亲鱼性腺的快速发育，以获得高质量的精卵。亲鱼培育得好坏主要与饲料、水质管理直接相关。

（1）饲料

饵料以精料为主，粗蛋白含量 30%左右，日投喂 2 次，投饵率为体重的 2%~3%，每天加喂一定数量的青菜、浮萍、嫩草等。

（2）水质管理

经常加注新水，保持池水清新，是促进亲鱼性腺发育成熟的重要技术措施之一。具体方法为：3 月底开始，每半个月向池内冲水 1 次，每次 3 小时左右。在人工催产前 20~30 天，将雌雄亲鱼分开饲养，避免因冲水或其他刺激而引起亲鱼早产，影响生产。产卵前 15 天开始，每 2~3 天冲水一次，通过流水刺激，促进亲鱼性腺发育成熟。

若从选育单位获得团头鲂“华海 1 号”的后备苗种，可按照团头鲂常规苗种培育方法培育为鱼种及成鱼，再按照上述亲本选择方法进行培育。

（二）人工繁殖

1. 成熟亲鱼的选择

团头鲂“华海 1 号”亲鱼催产季节为春季，一般 4 月中下旬大部分雌雄亲鱼已性成熟，催产水温为18~26℃，最适水温25℃。性成熟的亲鱼可通过眼观、手摸、轻压等方法鉴别，性成熟“华海1号”雌性亲鱼的腹部膨大，松软，卵巢轮廓明显，手摸有弹性，生殖孔松弛、微红；性成熟“华海1号”雄性亲鱼，其胸鳍、头部等处有“珠星”，手摸有粗糙感，轻压下腹部泄殖孔，有乳白色精液流出，入水后能迅速散开为好。采用人工催产人工授精时，雌、雄比例1∶1；采用人工催产自然产卵时雄性亲本可适当增加数量，具体实践中，应依据雌鱼怀卵量和雄鱼成熟度灵活掌握。

2. 人工催产

人工催产时，一般采用两次注射，胸鳍基部注射。雌性亲本注射催产素的种类及剂量可采用① LRH-A_2 4微克 + HCG 800~1 200国际单位/千克；② LRH-A_2 4微克+ PG 3~6毫克/千克；③ PG 1~2毫克 + HCG 800国际单位/千克这三种的任意一种方法进行。雌性亲本第一针注射总剂量的1/3，第二针注射余量，两针时间间隔一般为8~10小时；雄鱼剂量减半，采用一次注射法，在雌鱼第二针注射时进行；雌雄亲鱼分池放养。催产完后亲鱼的效应时间在其他条件相同时，与水温呈负相关，水温越高，效应时间相对越短。水温24~25℃时，效应时间为7~8小时。

3. 人工授精及孵化

催产完后若采用人工授精的方法，应注意观察亲鱼动态，在效应时间前2~3小时每1个小时检查一次雌性亲鱼，可轻压雌鱼腹部，若有卵粒流出时，可立即采卵授精。将雌亲鱼用干毛巾将体表水分擦干，同时将卵粒挤入面盆中，并将用0.6%~0.8%的生理盐水稀释过的雄鱼精液倒入盆中，轻轻搅匀后，让其充分受精；团头鲂的卵为黏性卵，可在授精后立即将受精卵转入黄泥浆水进行脱黏20~30分钟，后移入孵化环道或孵化桶进行流水孵化。受精卵搬运时避免阳光直射。

催产完后若采用自然产卵的方法，须在产卵池内设置鱼巢，供鱼卵附着。亲鱼注射催产剂之后，立即放入产卵池，并及时向产卵池冲水，尤其在产卵前的2~3小时内，加大冲水量，对亲鱼进行流水刺激。亲鱼产卵以后，及时观察鱼巢上的鱼卵附着分布情况，当达到一定密度的时候，及时将鱼巢转移到孵化池中进行孵化。

条件允许的情况下，建议采用人工授精后脱粘孵化的方法，孵化率可达到85%以上。受精卵在水温22~25℃时，孵化时间为35~40小时。受精卵在孵化开始时水流速度可适当快一些，使得鱼卵能在水体中较好地上下翻动；鱼卵出膜后，水流速度应放慢，以鱼苗不下沉为宜。至鱼苗腰点（鳔）出现，能平游时方可出池。

（三）苗种培育

1. 鱼苗培育

团头鲂“华海1号”鱼苗来源于从选育单位获得后备亲本后繁殖所得的鱼苗或直接引进的“华海1号”鱼苗。鱼苗池面积为2~5亩，放养前做好池塘的清整和消毒工作，鱼苗池注水深度为0.5~0.7米。放鱼前5~7天，鱼苗或鱼种池中应施粪肥200~500千克/亩或绿肥200~300千克/亩，或微生物菌肥1.5~2.0千克/亩。新挖鱼池应增加施肥量或增施化肥5~10千克/亩。鱼苗下塘时池中饵料生物应保持轮虫在5 000~10 000个/升。大型枝角类过多时应用敌百虫杀灭。

生产上一般采用单养方式培育鱼苗。放养时准确计数，一次放足。培育成夏花鱼种的“华海1号”鱼苗放养密度在长江流域及以南地区一般为10万~12万尾/亩，长江流域以北地区一般为8万~10万尾/亩。鱼苗放养后可采用以豆浆为主，以绿肥、粪肥为辅，施追肥时以豆浆泼洒与施肥相结合的方法进行培育。鱼苗放养后每天应多次巡池，观察水质及鱼的活动情况，及时清除蛙卵、杂草、水绵、水网藻等，检查鱼苗摄食、生长及病虫害情况，一般培育25~30天，鱼体全长达到2.5~3.5厘米后拉网锻炼并进行分池，进行大规格鱼种培育。

2. 鱼种培育

“华海1号”鱼种培育有单养和混养两种方式。其混养比例根据池塘情况、水源、水质、饲料、市场等来定主养对象。采取3~5种鱼同池混养，草、鲢、鳙、青、鲤、鲫等鱼苗，主养鱼比混养鱼早放养15~20天。团头鲂作为混养鱼时须待规格达到5厘米以上时再放养，一般在每年5—7月。鱼种放养密度需根据养殖目标、池塘条件、饲料情况、技术与管理水平等多方面来定。如果年底需获得尾重25~50克的“华海1号”鱼种，放养夏花鱼种5 000~8 000尾/亩；若要获得尾重15~20克的“华海1号”鱼种，放养夏花鱼种10 000~15 000尾/亩。鱼种培育期间采取严格的投饲、施肥及日常管理。

三、健康养殖技术

（一）健康养殖（生态养殖）模式和配套技术

基于团头鲂“华海1号”在生长速度和成活率方面的优势，本团队在养殖过程中形成了其当年养成模式、夏季养成模式和优质健康养殖模式及配套技术。

1. 当年养成模式

指当年将团头鲂“华海1号”鱼苗养成商品鱼的一种养殖模式。1—2月对团头鲂“华海1号”后备亲本进行加强培育，3—4月进行人工繁殖，5—6月进行苗种培育，7—12月进行成鱼养殖，12月达到上市规格的养殖模式。在养殖过程中，需视养殖情况进行逐级筛选。整个养殖过程需注意以下几点：

① 提早育苗，把握好时间，1—2 月加强对亲本的培育，促使亲本性腺提前成熟，在 3—4 月开展人工繁殖，从而延长生长期 1~2 个月。② 苗种培育，适当降低鱼苗和鱼种培育时的放养密度，鱼苗放养密度为 6 万~8 万尾/亩，5 月中旬完成鱼苗培育，筛选体长 2.5 厘米的鱼苗转入鱼种培育阶段；鱼种放养密度为 3 000~5 000 尾/亩，6 月中旬完成鱼种的培育，筛选体重为 30 克以上的鱼种分级放养进入成鱼养殖阶段；鱼苗和鱼种培育阶段均采用团头鲂专用的苗期饵料。③ 成鱼养殖，池塘常规消毒、注水、施肥等，放养大规格鱼种密度为 1 000~1 500 尾/亩，套养大规格鲢夏花 500 尾，鳙夏花 250 尾；投喂蛋白含量为 30%的团头鲂专用配合颗粒饲料；定期检测水质，每半月泼洒微生态制剂一次。通过 7—12 月的养殖，12 月可收获每尾重 500~600 克的团头鲂商品鱼。我国华南地区和海南省可采用此养殖模式。

2. 夏季养成模式

第一年将团头鲂“华海 1 号”鱼苗培育成 150 克左右的大规格鱼种，第二年年初投放鱼种，放养密度为 1 000~1 200 尾/亩，套养 150 克/尾左右的鲢鱼种 250 尾，150 克/尾左右的鳙鱼种 20 尾；25 克/尾左右的鲫鱼种 200 尾。投喂蛋白含量为 30%的团头鲂专用配合颗粒饲料；定期检测水质，每半月泼洒微生态制剂一次。7 月底至 8 月初可收获每尾重 500~600 克的团头鲂商品鱼，进行提早上市，达到避峰销售的目的。

3. 优质健康养殖模式

此模式旨在培育出具有较好风味的优质团头鲂。其人工繁殖、鱼苗和鱼种培育均可按照上述常规方法进行。在成鱼养殖阶段，年初放养 100~120 克/尾的团头鲂“华海 1 号”鱼种，放养密度为 1 200~1 500 尾/亩，套养 150 克/尾左右的鲢鱼种 250 尾，150 克/尾左右的鳙鱼种 20 尾；25 克/尾左右的鲫鱼种 200 尾。投喂蛋白含量为 30%的团头鲂专用配合颗粒饲料；定期检测水质，每半月泼洒微生态制剂一次。自9月开始停止配合饲料的投喂，改为投喂植物性饵料（各种牧草），投喂2个月后，11月收获500~600克/尾的团头鲂优质商品鱼。此商品鱼品质好，脂肪含量低，口感、风味好。此养殖模式既保证了团头鲂的产量，又达到了培育优质商品鱼的目的，可在一定程度上提高团头鲂的养殖效益。

（二）主要病害防治方法

团头鲂具有抗病性强的优良特性，其鱼病相对于同为草食性的草鱼来说要少得多，发病的程度亦较轻。但近年来，由于生态环境恶化，水质不达标以及滥用药物、饲养管理不善等原因，团头鲂养殖过程中的病害也越来越严重。团头鲂"华海1号"在选育的过程中，综合考虑了生长和成活率，但因养殖环境的变化，难以避免在养殖过程中无病害的发生。病害的防治应坚持"以防为主，防重于治，防治结合"的原则。团头鲂常见和危害严重的病害主要有以下6种。

1. 出血病

团头鲂细菌性败血症是影响团头鲂养殖成活率和经济效益的最主要疾病。病原体主要为嗜水气单胞菌，发病初期，病鱼口腔、下颌、眼眶、鳍条基部等部位出现轻度充血，食欲下降，剖开腹腔，可见肠内有少量食物或无食物。随着病情发展，口腔、鳃盖、整个鳍条、病鱼腹部出现明显的出血症状，同时腹部出现腹水症状。剖开腹腔，可见肠内空无食物，肠道充气膨大或有积水，肠壁出血，腹腔内有红色或无色腹水，鱼鳔的后室出血十分严重，肝及肠系膜脂肪组织上均有充血点。针对此病，要做好清塘、鱼种消毒、生石灰或二氧化氯等药物预防工作。若鱼体患病，需采用内用与外用药物两种方式结合进行。①外用药物及使用方法：藻菌消溶液（次氯酸钠溶液）全池泼洒，使水体中浓度达到1.0~1.4毫升/米^3，即每亩用药667~930毫升；沐菌消溶液（20%戊二醛）全池遍洒，使水体中浓度达到0.2克/米^3，即每亩用药133克。②内服药物及使用方法：每千克鱼每天用0.2~0.4克达克菌（恩诺沙星粉）+0.1克舒肝素（肝胆利康散）制成药饵投喂，连用5~7天为1个疗程；或每千克鱼每天用0.15~0.20克维鱼康（诺氟沙星粉）+0.1克舒肝素（肝胆利康散）制成药饵投喂，连用5~7天为1个疗程。

2. 烂鳃病

团头鲂受柱状屈桡杆菌感染而引发该病。病鱼体色发黑，离群独游，游动缓慢，食欲减退或不吃食。鳃丝腐烂，带有污泥，鳃盖骨内表面往往充血，中间部分的表皮常被腐蚀成一个圆形或不规则的透明小窗，俗称“开天窗”。该病春季较流行，适宜水温15~30℃。防治方法：①生石灰彻底清塘；②漂白粉对食场、挂篓进行消毒，或全池遍洒，使池水呈1毫克/升浓度；③五倍子全池遍洒，使池水呈1~4毫克/升浓度。

3. 水霉病

由水霉菌感染所致，最常见的病因是鱼体受到机械损伤或冻伤后，病原经伤口侵入体内致病。受精卵在孵化过程中，此病也常发生，内菌丝侵入卵膜内，卵膜外丛生外菌丝，故又称“卵丝病”。水霉病存在于淡水水域，一年四季可流行，但以冬季和春季最为流行，因病原的最适繁殖温度为13~18℃。该病的分布范围极广，对寄主无严格选择性，且从鱼卵到成鱼每个阶段都有可能得病。鱼体随着病情的发展，出现皮肤溃烂，组织坏死，行为失常，食欲减退，身体消瘦等症状，最终因体力衰竭而死亡。

目前，该病尚无非常理想的治疗方法，但在疾病早期进行治疗，有一定的治疗效果。①全池泼洒亚甲基蓝，浓度达到2~3毫克/升，隔2天泼洒1次，连续用2次。②全池泼洒食盐及碳酸氢钠（小苏打），浓度为8毫克/升。③应用诺氟苯尼考、氟沙星、甲砜霉素等，可防止细菌感染。

4. 赤皮病

由荧光假单胞菌致病，发病往往与鱼体受伤有关，是条件致病菌。一年四季都有流行，尤其是当鱼因捕捞、运输、放养使鱼体受机械损伤，或冻伤，或体表被寄生虫寄生而受损时，病原菌才能趁虚而入，引起发病。病鱼行动缓慢，反应迟钝，衰弱、离群独游于水面。体表局部或大面积出血发炎，鳞片脱落，特别是鱼体两侧和腹部最为明显。鳍充血，尾部烂掉，形成“蛀鳍”。鱼的上下鄂及鳃盖部分充血，呈块状红斑。有时鳃盖烂去一块，呈小圆窗状，出现“开天窗”。在鳞片脱离和鳍条腐烂处往往出现水霉寄生，加重病势。发病几天后就会死亡。

防治方法：①在疾病流行季节，用10%聚维酮碘溶液，全池泼洒。②五倍子全池遍洒，使池水呈1~4毫克/升浓度。③大黄全池泼洒，先将大黄用20倍重量的0.3%氨水浸泡提效后，再连水带渣泼洒至浓度为0.3%。

5. 小瓜虫病

鱼体因小瓜虫大量寄生所致。体表和鳃部布满白色点状的虫体和胞囊，肉眼可见，鳃丝脱落，鳍条裂开、腐烂，鳃小叶被破坏，游泳迟缓，浮于水面。可用0.4毫克/升干辣椒粉与0.15毫克/升生姜片混合加水煮沸后泼洒；或用3.5%食盐浸泡鱼体5~10分钟；或用生石灰彻底清池。

6. 车轮虫病

鱼体因感染车轮虫所致。病鱼体表黏液增多，游泳缓慢，呼吸困难，鳃上毛细血管充血、渗出。鱼鳃上和体表肉眼可见车轮虫。可采取以下方法进行防治：①鱼苗饲养20天左右要及时分塘，同时用高锰酸钾或食盐水进行“药浴”。②每亩用楝树新鲜枝叶34千克，煎煮后全池遍洒。③全池遍洒硫酸铜、硫酸亚铁合剂（5∶2）0.7毫克/升。

7. 锚头鳋病

鱼体因锚头鳋大量寄生所致。虫体寄生部位充血发炎。病鱼局促不安，食欲减退，继而消瘦直至死亡。虫体露在鱼体外的后半部又常有大量累枝虫、钟形虫附生。严重时，好似披着蓑衣，故有“蓑衣病”之称。小鱼患此病，易引起鱼体畸形弯曲，失去平衡。在水温 12~33℃均流行，对鱼种危害最大。可采用生石灰彻底清池或每亩放养 1 千克黄颡鱼；或用 0.2 毫克/升晶体敌百虫全池遍洒，隔 1 天泼洒 1 次，连续 3 次，可杀灭其成虫和幼虫。

8. 营养性疾病

由于饲料使用不当而使得鱼体健康受损后产生的疾病，如饲料中各类营养不足或营养不平衡，化学促长剂添加过量，重金属含量偏高，以及饲料本身的毒素（如饲料发生霉变、饲料中添加了变质的油脂等）。最初时，鱼体外表无症状，仅眼睛稍突，食欲下降，但活动基本正常，接着就开始发现鱼类莫名其妙死亡；若遇到突降暴雨、捕捞、施药等情况，则可造成团头鲂大批死亡。检查鱼体，个别鱼体体表、鳍基部发红充血外，严重的则鱼体和骨骼弯曲畸形。解剖鱼体可见肝脏肿大变黄，质脆易碎，肠道空无食物，并有轻微肠炎症状，肠黏膜充血。该病症复杂，须认真对现场、鱼体进行检查，同时还要了解整个生产过程的喂料与鱼病防治用药情况，并进行相关比较分析，才能做出较为准确的诊断，而该病又极易被误诊为暴发性出血病、赤皮病、肠炎病等而造成重大损失。该病发生的两个高峰期是在 5—10 月和 7—9 月，原因可能是饲料中各类营养不足或营养不平衡，化学促长剂添加过量，重金属含量偏高，以及饲料本身的毒素（如饲料发生霉变、饲料中添加了变质的油脂等）。此外，药物添加、使用不当，也易引起该类疾病的发生。

此类疾病应尽量采取预防的方法：①在每天投喂配合饲料的同时，必须坚持投喂一部分青饲料，或者每天投喂两次，上午投喂一次配合饲料，下午投喂一次青饲料。②在水温达 25℃以上时（即 5 月下旬至 9 月），一般不进行捕鱼或少捕鱼。暴雨天气，最好暂停进排水，保持环境相对稳定。用药防病必需措施得当。③4—10 月，每月口服三黄粉并添加维生素 A、维生素 B、维生素 C 和葡萄糖等拌饲投喂一疗程（6 天），改善饲料营养，预防疾病。若鱼体患病，应停喂配合饲料，加注新鲜水，改善环境，同时投喂嫩绿的青饲料，并按方法③处理 15~30 天，一般鱼体能逐步恢复正常，效果明显。

四、育种和种苗供应单位

（一）育种单位

1. 华中农业大学水产学院

地址和邮编：湖北省武汉市洪山区狮子山街 1 号，430070

联系人：王卫民

电话：027-87284292

2. 湖北百容水产良种有限公司

地址和邮编：湖北省团风县团风镇白鹤林村，438800

联系人：刘冰南

电话：13807053658

3. 湖北省团头鲂（武昌鱼）原种场

（二）种苗供应单位

1. 单位名称：华中农业大学水产学院

地址和邮编：湖北省武汉市洪山区狮子山街 1 号，430070

联系人：王卫民

电话：027-87284292

2. 单位名称：湖北百容水产良种有限公司

地址和邮编：湖北省团风县团风镇白鹤林村，438800

联系人：刘冰南

电话：13807053658

（三）编写人员名单

王卫民，高泽霞，刘红，王焕岭，刘冰南

黄姑鱼“金鳞 1 号”

一、品种概况

（一）培育背景

黄姑鱼 *Nibea albiflora*（Richardson）属鲈形目，石首鱼科，黄姑鱼属，为暖水性近海中、下层经济鱼类，在我国沿海各个海域都有分布，是东海主要经济鱼类之一。近年来由于过度捕捞、环境污染等原因，黄姑鱼的自然资源量已明显减少，捕捞量急剧下降。

自然资源减少，价格上升，促进了黄姑鱼养殖业的发展。黄姑鱼对刺激隐核虫有很强的免疫力，在养殖海区暴发白点病时基本不受影响，甚至完全不感染白点病，养殖性状优于大黄鱼，更进一步引起了养殖业者的养殖兴趣。但由于育苗和养殖成活率偏低、生长速度慢等问题的存在，致使黄姑鱼养殖业发展缓慢。

通过遗传改良提高黄姑鱼的生长速度和养殖成活率，促进黄姑鱼养殖业的发展，成为福建和浙江海水鱼类养殖业发展和黄姑鱼野生资源保护的迫切需求。因此，集美大学鱼类遗传育种研究团队从 2008 年开始与宁德市横屿岛水产有限公司合作，着手开展了黄姑鱼规模化人工繁育、养殖以及遗传改良的工作，并逐渐引起了科技主管部门重视，2011 年福建省教育厅、福建省科技厅、福建省海洋与渔业厅、厦门市南方海洋研究中心等单位先后予以了科研项目立项资助。

针对黄姑鱼养殖生产上存在的主要问题是育苗与养殖成活率低，生长速度慢、养殖周期长，后者不仅增加了养殖成本，而且在养殖过程中遭受台风等自然灾害袭击的风险也大大增加。为此将生长速度和亲本健康状况作为选育的主要目标性状，同时兼顾体型与体色等形态学性状。制定的主要选育目标为：生长速度和养殖（相对）成活率分别比未经选育的群体提高 20%。

（二）育种过程

1. 亲本来源

“金鳞 1 号”黄姑鱼原始种源来自东海区的黄姑鱼自然种群，由不同的育苗场分别从东海区捕捞野生黄姑鱼进行人工繁殖发展形成养殖群体。2008 年 2—5 月间课题组从福建省霞浦县下山海区、福安县下白石海区和蕉城区渔潭海区的 3 个不同养殖群体中分别挑选部分优质个体（合计挑选了雌鱼 112 尾、雄鱼 98 尾）作为起始亲本，经过 4 代连续选育，形成生产性能显著提升、遗传性比较稳定的“金鳞 1 号”。

2. 技术路线

黄姑鱼“金鳞 1 号”的选育方法与大黄鱼“闽优 1 号”类似，即主要是采用群体选择技术，结合人工雌核发育，通过从人工雌核发育群体中挑选优质个体与群体选育的亲本横交，加速优良基因纯合固定。在每个世代的选育中，分别在养殖 7 月龄、12 月龄和 18 月龄左右（每年 4 月和 11 月）进行一次选优，进行人工繁殖时再进行一次挑选，即每个世代育苗亲本都经历了 4 次人工选择，总选择压力控制在 0.1%~0.2%。图 1 左侧数字是获得各个世代的年月。

在繁育 F_4和 F_5进行雌核发育体与选育群横交时，一方面由于培育成熟的

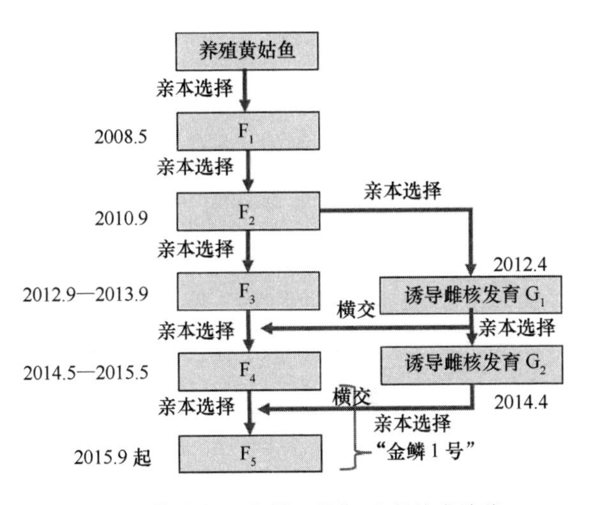

图1 黄姑鱼“金鳞1号”选育技术路线

雌核发育体群体不大，可挑选作横交亲本的满意的个体数量有限；另一方面为了避免后续世代遗传多样性急剧降低（用于诱导人工雌核发育的亲本数量较少），因此只选择少量雌核发育体替代直接从选育群中挑选的雌性亲本进行繁育（雌核发育体在雌性繁育亲本中所占比例≤1/4）。

3. 选育过程

2008年2—5月从养殖于福建省霞浦县下山、福安县下白石和蕉城区渔潭海区的3个不同养殖群体中挑选亲鱼合计210尾（112雌、98雄），繁育出全长平均4.6厘米的F_1代鱼苗60万尾；F_1代鱼苗按常规网箱养殖方法养殖，在2008年11月、2009年4月和10月各进行一次分选，挑选生长快、体型好、色泽较鲜艳且健康无病无伤的个体作为选育群和候选亲本。2010年9月从中挑选200尾（雌雄各100尾）生长快、性腺发育较好的个体作为亲本繁育F_2代。F_2代鱼苗按同样方法养殖，并分别在7月龄、12月龄和18月龄各进行一次分选，获得F_2代选育群与候选亲本。在育苗开始时再进行一次优选，每个世代共进行4次选择，总选择入选率控制在0.1%~0.2%。后续世代的选育按照同样方法进行，2012 年 9 月开始繁育 F_3代，2014 年 4 月开始繁育 F_4代，2015 年 9 月开始繁育 F_5代。F_3代共繁育 3 次（2012 年 4 月、2012 年 9 月、2013 年 4 月，使用同一个选育群的亲本），合计育苗 475 万尾，并开始进行较大规模的养殖对比和应用试验；F_4代从 2014 年 4 月至 2015 年 4 月合计也繁育了 3 次，亲本分别从 2012 年 4 月、2012 年 9 月和 2013 年 4 月繁育的 F_3代的选育群中挑选，并掺入了 2012 年 4 月至 2013 年 4 月诱导培育的雌核发育后代（meio-G1）。F_5代的繁育亲本中掺入了 2014 年春季诱导培育的雌核发育二代。

从 2008 年开始至 2014 年，经过连续 4 代的选育，选育出的黄姑鱼生长速度和相对成活率已分别提高 21% 和 25% 以上，性状已比较稳定，定名为“金鳞 1 号”（图 2）。

图 2　黄姑鱼“金鳞 1 号”

（三）品种特性和中试情况

1. 品种特性

与普通养殖黄姑鱼相比，“金鳞 1 号”黄姑鱼具有下述特征：

①生长较快，养殖成活率较高。在相同养殖条件下，与未经过连续定向选育的普通黄姑鱼相比，“金鳞 1 号”养殖 18 个月平均体重和成活率可分别

提高21%和25%，养殖24个月平均体重和成活率可分别提高24%和30%。

②吻较短、上颌短钝，鳞被略呈金黄，体色较鲜艳，胸鳍、腹鳍和臀鳍鳍条呈鲜艳的橙黄色，尾鳍也较鲜黄。目前市场上吻尖、上颌显著长于下颌的黄姑鱼销售价格明显较低且较难以销售，体型好、体色鲜艳好看的黄姑鱼售价高，“金鳞1号”恰好符合当前市场消费者的审美需求，因而其商品鱼售价较高。

③遗传纯合度较高，YD-26微卫星标记位点等位基因少（目前只发现159 bp和154 bp 2个等位基因），其优势等位基因（159 bp）频率≥0.979。

2. 中试情况

宁德市蕉城区和霞浦县部分个体养殖户2010年就开始购买本项目组选育的黄姑鱼苗进行试养，均取得了较好的经济效益，因此2012年起订购选育鱼苗的养殖户大幅度增加，项目组依托的公司培育的黄姑鱼苗已供不应求。2013年以来已有福建省宁德市蕉城区、霞浦县和福鼎市，浙江省象山县等地多家育苗场前来购买选育黄姑鱼的受精卵进行育苗；有的育苗场则是向养殖本项目组选育鱼苗的养殖业主选购亲鱼进行育苗。目前，在宁德市蕉城区、霞浦县和福安市等地，“金鳞1号”的养殖量已占当地黄姑鱼养殖量的50%以上；包括浙江舟山、宁波等地的养殖业者在内，普遍反映养殖本项目组选育的黄姑鱼成活率较高、生长快，可以提早上市销售、缩短养殖周期，并且养成的商品鱼体型体色好，售价高。

下面是其中3个公司养殖的结果。

① 福建省宁德市南海水产科技有限公司：2013年7月开始养殖本项目组选育的黄姑鱼苗，养殖地点在宁德市蕉城区三都镇青山岛白基湾海域，养殖方式为传统网箱养殖。根据该公司提供的数据，“金鳞1号”黄姑鱼生长速度比同期从其他育苗场购买的黄姑鱼苗提高21%以上，养殖成活率比普通苗种高25%以上，而且“金鳞1号”黄姑鱼体色较鲜艳，鳍条鲜黄，售价较高。

表 1 是该公司所购买各批选育鱼苗的养殖结果：

表 1　购买各批选育鱼苗的养殖结果

购苗时间	组别	购苗量（万尾）	销售/测量时间	总量（吨）	均重（千克/尾）	养殖成活率（%）	效益（万元）
2013. 7	“金鳞 1 号”	49. 5	2015. 1	51. 0	0. 32	32. 2	155
	对照组	21. 1	2015. 1	14. 2	0. 261	25. 7	24. 6
2013. 11	“金鳞 1 号”	50. 4	2015. 11	70. 6	0. 48	29. 2	182
	对照组	15. 6	2015. 11	14. 2	0. 393	23. 2	32. 9
2014. 6	“金鳞 1 号”	58. 6	2015. 12	72. 2	0. 35	35. 2	252
	对照组	12. 4	2015. 12	9. 8	0. 284	27. 8	18. 5
2014. 11	“金鳞 1 号”	43. 7	2016. 6	51. 4	0. 37	31. 8	154
	对照组	11. 8	2016. 6	8. 9	0. 30	25. 1	17. 3
2015. 6	“金鳞 1 号”	54. 8	2016. 6	未销售	0. 24	45. 1	
	对照组	10. 2	2016. 6	未销售	0. 194	35. 5	

②浙江舟山金马水产养殖有限公司于 2013 年 6 月开始至 2015 年，累计购买 280 万尾（平均全长 5 厘米左右，均为春季繁育的鱼苗）。本项目组选育的黄姑鱼苗于舟山市普陀区六横镇海域网箱养殖，结果表明“金鳞 1 号”黄姑鱼生长速度比其往年养殖的普通苗种提高 22. 2%以上，成活率提高 30%以上，基本上养殖 1 年半就上市销售（平均体重 0. 41 千克/尾），累计已收获商品鱼 520 吨，平均售价达 110 元/千克，新增产值 5 700 万元，新增利税 460 万元。

③ 2014 年 6 月，舟山东方水产养殖有限公司（养殖地点：舟山市普陀区登步乡海域）购进平均全长 5. 0 厘米 的“金鳞 1 号”黄姑鱼苗 150 万尾，至 2014 年年底，平均体重达 175 克。2015 年 5 月底开始采取捕大留小的方式销售养成的商品鱼，至 2015 年 12 月，累计收获商品鱼 153. 5 吨，总产值

1 643.71万元，总开支 926.16 万元，利润 717.55 万元，取得了良好的经济效益。

二、人工繁殖技术

（一）亲本选择与培育

为保证亲本质量和避免近交导致种质退化，候选亲本应从较大的群体中进行选择，选择压力≤5%；每个产卵群体亲本数量应不小于 50 组。可以在产卵亲本加入一些优选的、符合种质标准要求的雌核发育体，以进一步提高群体的种质水平。亲鱼应选择体质健壮、无伤病和畸形、1.5 龄以上、雌鱼体重大于 750 克、雄鱼体重大于 500 克的个体。雌雄比例为 1.5：1 左右。

为了保证亲体强化培育的效果，培育密度不宜太高，控制在 2 千克/米^{3}左右。

根据生产计划，在产卵前 2 个月左右，对亲体实施营养强化，促进性腺成熟。以不饱和脂肪酸含量较高的新鲜鳀鱼等小杂鱼虾为饵，每日投饵 2 次，日投饵量为体质量的 10%左右，或者投喂亲鱼专用配合饲料，日投饵量为体质量的 5%左右，并定期投喂适量的鱼肝油和维生素 E；每天换水 100%以上并及时吸污。

（二）人工繁殖

1. 人工催产

黄姑鱼“金鳞 1 号”的繁殖时间可以通过控制水温、光照和饲料营养等加以调控，如果条件满足，可在一年四季任何季节繁殖。在福建海区自然温度下，春苗养殖 1.5~2 周龄、秋季培育的苗种须养殖 2 周龄以上性腺可发育成熟，之后一年可在春末初夏（3 月下旬至 5 月）和秋季（9—11 月）自然成熟和繁殖两次。根据养殖的需求，目前主要在春季（3—6月）和秋季（9—11月）进行人工催产繁殖。

催产用的雌鱼应选择腹部性腺轮廓明显、手感柔软、前后大小匀称、生殖孔松弛且红润的个体；雄鱼以腹部有性腺轮廓、手轻压鱼腹部有少量乳白色精液流出的个体。

亲鱼催产注射之前应用30~50毫克/升的丁香酚溶液等适合于鱼用的麻醉剂浸浴麻醉。常用的催产剂是$LRH-A_3$，有效剂量视性腺成熟度而定，对雌鱼一般为每千克体重1~3微克，雄鱼的剂量减半。

人工催产后，将雌鱼、雄鱼放入产卵池中，使其自行产卵受精，然后用80目以上筛绢制作的手抄网或浮游生物网在产卵池两头来回拉网收集受精卵。也可以设计专门的产卵池、集卵器进行受精卵的收集，收集时注意不要损伤受精卵。将收集的卵放入容器中，除去未受精卵、死胚和杂质，将受精卵直接移入育苗池或孵化器中孵化。

2. 孵化

采用孵化器或育苗池进行孵化。孵化器容积为0.2~1立方米，孵化密度掌握在40万~60万粒/$米^3$，连续充气，充气量700~1 000毫升/分钟为宜，育苗池容积为30~50立方米，孵化密度掌握在1万~3万粒/$米^3$。但基于工厂化育苗的考虑，一般采取在育苗池中一次性布卵、直接孵化的方式，即将收集的受精卵直接放入育苗池中进行微充气孵化，孵化密度（1~3）$\times10^4$粒/$米^3$，幼体孵出后直接留在原池培育。

孵化适宜的水温为19~25℃，pH值8.0左右，连续充气，保持溶解氧含量在5毫克/升以上。控制孵化池海水盐度21~29，并保持相对稳定。在上述条件（主要是温度的影响）下，幼体的孵化时间为23~27小时。孵化池每1.5平方米池底布设一个散气石，充气量以气出水面呈微波状为宜，当仔鱼即将破膜而出时，适当加大充气量。孵化时一般采用静水充气方式，定时添加或更换清新过滤海水。

孵化期间应保持水质清新，育苗池孵化时每天添加或更换新鲜海水30%左右；孵化器高密度孵化时，每天换水3次以上。保持孵化水温的稳定，控制温差小于0.5℃。及时吸污除去底部污物和死卵。

（三）苗种培育

1. 鱼苗培育

（1）培育密度

仔鱼期（2.4~3.2）$\times 10^4$尾/米^3，稚鱼期（1.2~1.6）$\times 10^4$尾/米^3，幼鱼期（0.5~0.6）$\times 10^4$尾/米^3。

（2）理化条件

培育水温21~30℃，最适水温23~25℃；pH值8.0左右，盐度在23~33；氨氮在0.02毫克/升以下；控制光照强度1 000~5 000勒克斯，以均匀漫射光为佳，应避免环境条件突变。育苗期间应连续充气，一般每2平方米布散气石1个，保持溶解氧5毫克/升以上。前期气量以小且均匀为宜，随着幼体的生长，逐渐加大充气量。

（3）饵料系列及投喂

轮虫：仔鱼开口后须用100微米以下的小个体轮虫投喂3天，然后投喂大个体轮虫；轮虫投喂总天数应达到10天以上。水中轮虫密度为3~5个/毫升。轮虫投喂前需经小球藻液强化培养6小时以上。

卤虫无节幼体：投喂时间为10~18日龄，投喂密度为0.5~1个/毫升。

桡足类：投喂时间15~40日龄，投喂密度达0.2个/毫升。应从无污染、无病原体的水域中采捕。

配合饲料：35日龄后可开始驯化投喂配合饲料。

（4）日常管理

添加小球藻：黄姑鱼“金鳞1号”孵化幼体入池直至培育到20日龄，均应在育苗池中加入小球藻，维持池水呈微绿色。

换水和清污：开始投饵后，每天换水1次，换水量约30%，隔天吸污1次，清除池底的残饵、死苗及其他杂物；投喂卤虫后每天换水50%，吸污1次；投喂桡足类后每天换水60%～80%，吸污1～2次；投喂肉糜及配合饲料后每天换水100%，吸污2次并视水质情况加以流水。同时，清除水体表面的油膜和污物。换水时温差不得超过1℃。

日常观测：每天观察幼体摄食、活动及生长情况，检查池中的饵料密度；测定水温、盐度、pH值、DO、氨氮、光照强度等理化因子并做好记录。

病害防治：坚持以防为主，采取控制育苗密度，保证饵料质量，保持水质清新和稳定，及时消毒场地和工具等综合预防措施。如有发生疾病，用药必须符合规定，并做好用药记录。

（5）出苗及运输

当全长达4厘米以上时，即可出苗，进入鱼种培育阶段。鱼苗、鱼种的运输由气候条件、运输距离的长短、数量的多少来决定。目前黄姑鱼鱼种运输有两种方法：船运和车运。船运一般采用活水舱船运输或普通的船舱进行连续充气运输；车运一般使用水箱、水桶、帆布桶连续充气运输。一般运输距离短、数量少，采用车运为宜；运输距离长、数量多，则宜采用活水舱船运。运输前要停食，还要除去过多的黏液。如用塑料袋充氧运输，要求在放苗袋的泡沫箱内装上适量的冰袋，以保持低温运输。另外，在用车运输时，须防止剧烈颠簸。

2. 鱼种培育

黄姑鱼“金鳞1号”鱼种培育一般采用海上网箱培育方式。

（1）海区选择

养殖海区应选在港湾内，风浪较小，水深 5 米以上，潮流畅通且平直，流速小于 1.0 米/秒，经挡流、分流和网箱组排等措施后网箱内流速小于 0.2 米/秒的海区。

（2）水质水源

水源水质应符合国家渔业水质标准 GB 11607 的规定，养殖用水水质应符合 NY 5052 的规定；海区表层水温 8～30℃，适宜水温 18～25℃；盐度 10～40，适宜的盐度范围为 23～33。

（3）网箱要求

网箱规格一般为长、宽各 3～4 米，深 4 米，也可用更大的网箱，网衣为合成纤维无结节网衣。种苗全长 40～50 毫米时，网目长为 4～6 毫米；种苗全长 50 毫米以上时，网目长为 8～10 毫米。在网箱分布中，沿潮流方向应留足通道，最多以 200 箱左右连成一片。

（4）放养密度

刚放养种苗时（全长 50 毫米左右）密度在 400～800 尾/$米^3$，随着鱼体的长大，密度逐渐降低。

（5）饵料投喂

刚入网箱的种苗，投喂适口的颗粒配合饲料、鱼肉糜等；养至 25 克以上的鱼种直接投喂经切碎的鱼肉块或颗粒配合饲料。采用少量多次、缓慢投喂的方法进行投喂，种苗刚入网箱时每天投喂 4～8 次，鱼肉糜日投饵率 100% 左右，随着鱼体长大，逐渐减少至早晨和傍晚各投喂 1 次，并逐渐降低投饵率。

（6）日常管理

网目长 4 毫米的网箱每隔 5～8 天、网目长 5 毫米的网箱每隔 8～12 天、网目长 10 毫米以上的网箱视水温每隔 15～30 天换洗一次。定期对苗种进行筛选分箱。每天定时观测水温、盐度、透明度与水流等理化因子，以及苗种集群、摄食、病害与死亡情况，发现问题应及时采取措施。

越冬前对鱼种进行分箱操作及强化饲养。水温10~15℃时，每1~2天投喂1次，投饵率1%左右，傍晚投喂，尽量避免移箱操作。越冬后期水温回升每天投喂1次，投喂量再缓慢逐日增加。

三、健康养殖技术

（一）健康养殖（生态养殖）模式和配套技术

“金鳞1号”黄姑鱼适宜于我国福建、浙江等地沿海养殖。养殖方式以常规的网箱养殖为主，也可进行围网养殖、池塘养殖、深水大网箱养殖以及室内工厂化循环水养殖。

1. 网箱养殖技术

（1）网箱规格

常用网箱规格为长、宽各4~12米，深6~10米，网目长为20~50毫米，网衣为有结节网片。

（2）放养密度

根据鱼体的大小调整放养密度，一般对规格75克/尾的鱼种推荐放养密度为25尾/米^3。潮流流速小、水体交换条件较差的海域和网箱，放养密度应适当降低。

（3）饲料类型及投喂

养殖“金鳞1号”与养殖普通黄姑鱼一样，可以使用低值鲜杂鱼与人工配合饲料，目前市面上没有黄姑鱼的专用配合饲料，但可以用大黄鱼配合饲料代替。目前市场上有多种品牌的大黄鱼配合饲料，效果不一，而优质优价是一般规律，推荐使用质量好、营养全面的人工配合饲料进行黄姑鱼成鱼养殖，即使价格稍贵，只要生长好、成活率高，最终效益要优于采用劣质廉价饲料。饲料类型可以用软颗粒饲料，也可以用浮性或半沉性硬颗粒饲料，硬颗粒饲料投喂前须用淡水浸泡。一般每天早上与傍晚各投喂一次，投饲量控制在鱼总重的1%~4%，根据摄食情况进行适当增减。夏季高温期宜减少投饲量。

（4）日常管理

根据水温和网目堵塞情况，及时换洗网箱，同时进行筛选分箱和鱼体消毒。每天定时观测水温、盐度、透明度与水流等理化因子，以及鱼的集群、摄食、病害与死亡情况，发现问题应及时采取措施。在潮流不大的内湾以及网箱较为密集的区域，高温季节尤其是小潮停潮和平潮时，以及出现大量降雨时，应采取措施对网箱进行增氧，或通过分稀疏散降低放养密度，防止鱼缺氧死亡或因经常处于低氧环境导致影响其健康状况和生长。

（5）病害防治

如有发生疾病，用药必须符合 NY 5071 的规定，并做好用药记录。认真做好防病工作，以预防为主；发现有病的鱼应及时隔离，防治感染；掌握常见病害的防治方法，定期用药。

（二）主要病害防治方法

黄姑鱼“金鳞1号”在养殖过程中尚未发现危害严重的病害，参考往年已经报道的黄姑鱼病害情况，对几种可能的病害及其防治方法介绍如下：

1. 烂鳃病

（1）病因

细菌性感染。

（2）主要症状

病鱼体色发黑，游动缓慢，外界刺激反应迟钝，呼吸困难，食欲减退，鱼体消瘦。病鱼鳃盖内表皮充血发炎，鳃上淡黄色黏液多，鳃丝肿胀部分呈淡红色，并可见小出血点。危害程度达到5%~10%。

（3）流行季节

此病多发生在5—8月，水温25~30.5℃条件下。

（4）防治方法

用漂白粉先溶于水中，滤掉残渣，制成浸泡消毒水，浓度为10×10^{-6}。将网箱内的鱼全部浸泡3~5分钟，隔天再消毒1次。严重者连续消毒3天。为防止缺氧，每消毒一批换水1次。

（5）预防措施

盛料的饲料台用20毫克/升浓度的漂白粉水溶液或用40毫克/升浓度的高锰酸钾溶液浸泡，并定期曝晒。

2. 竖鳞病

（1）病因

在赤潮或污水污染后鱼体受伤时经皮肤感染易患此病。

（2）主要症状

病鱼离群独游，游动缓慢，当水质浑浊时，病鱼在水面缓游，严重时呼吸困难。病鱼体发黑，受伤处鳞片竖立，鳞囊内积有半透明液体，严重时液体含血，当触及竖鳞处，鳞片脱落。病鱼的胸、腹和尾鳍基部出血，腹部膨大，腹腔内积腹水。病鱼皮肤、鳃、肝、脾、肾和肠组织发生不同程度的病变。发病死亡率达60%，治疗不及时2~3天内死亡。

（3）流行季节

发病季节4—12月。

（4）防治方法

用40毫克/升浓度的高锰酸钾擦洗患病处，然后把高锰酸钾液洗净，每天1~2次，连续使用3~5天。

（5）预防方法

分网捕鱼时操作要小心，避免体表受伤。

3. 肠炎病

（1）病因

细菌性肠炎病的发生往往和水质恶化、饲料变质以及鱼类暴食有关。

（2）主要症状

病鱼离群独游，游动缓慢，体色黑，食欲差或不食。发病早期肠壁局部发炎，肠腔无食物，肠内黏液多。发病后期肠壁充血发炎呈红色，肠内只有淡黄色黏液，肛门红肿，有红色黏液从肛门流出。幼鱼受害时死亡率极高。

（3）流行季节

水温 18~30.5℃时流行，此病常与烂鳃病并发。

（4）预防措施

饲料台用漂白粉或高锰酸钾消毒；变质饲料不投喂；定时、定量投喂，防止投料量不匀或暴食；改变养殖环境，换用新网箱，降低养殖密度。

4. 淀粉卵涡鞭虫病

（1）病因

病原为眼点淀粉卵涡鞭虫（*Amyloosinium ocellatum*）。淀粉卵涡鞭虫寄生在海水鱼类的鱼体上，虫体内含有淀粉粒，成虫用假根状突起固着在鱼体上。

（2）主要症状

淀粉卵涡鞭虫主要寄生在黄姑鱼的鳃、皮肤和鳍等处，严重感染的病鱼肉眼看上去有许多小白点。病鱼游泳缓慢，浮于水面挣扎，停止摄食，鳍条、腹部充血，口张大，鳃的开闭不规则。重病鱼鳃表面形成一层米汤样的白膜，鳃上的虫体一般附着在鳃小瓣之间，寄生很多时成为淡灰色团块；虫体周围的鳃小瓣上皮增生、愈合，将虫体包围起来，严重者组织崩坏，软骨外露，呼吸机能发生障碍，窒息死亡。有时病鱼继发感染细菌或真菌。从体表或鳃上刮取黏液，制成水封片，在显微镜下能观察到大量虫体时就可确诊。显微镜下在鳃、鳍条上可观察到大量黑点状的虫体，可看出淀粉卵涡鞭虫不是寄生在上皮组织内，而是寄生在表面。此病感染迅速，且传播快、死亡率高，一般从出现症状后2~5天内死亡率可高达90%以上。

（3）流行季节

该病主要危害鱼苗和鱼种，一般在4—7月或9—11月发生，水温22~28℃，pH值7.3~8.3时容易发生。

（4）防治方法

预防措施：苗种应先经淡水浸泡5分钟后再放养。发现病鱼要及时隔离治疗，确认已病得无可救药的鱼和死鱼要立即捞出，防止病原传播。

治疗措施：黄姑鱼育苗室内幼苗寄生此虫时，可采用如下方法。

①有条件时将水温降到19℃，海水比重降到1.008，同时降低养殖密度，提高换水量。

②用20~50毫克/升的福尔马林浸泡5~6小时，再加土霉素1~2毫克/升（根据苗体大小及承受力而确定浓度和浸泡时间）。

③用淡水浸洗病鱼2~3分钟（根据苗体大小及承受力而确定浓度和浸泡时间，如果症状轻微，鱼活力好，可以适当延长浸泡时间到5~10分钟），大部分营养体会脱落，但有些可能钻在鳃的黏液内，淡水影响不到它们，以后仍能形成包囊进行繁殖，所以隔3~4天后应重复治疗1次。

④规格较大的苗种可移到海区暂养，几天内就可痊愈。

四、育种和种苗供应单位

（一）育种单位

1. 集美大学水产学院
2. 宁德市横屿岛水产有限公司

（二）种苗供应单位

宁德市横屿岛水产有限公司
地址和邮编：福建省宁德市蕉城区，352100
联系人：陈庆凯
电话：13905936570

（三）编写人员名单

王志勇，谢仰杰，陈庆凯，叶坤

凡纳滨对虾“广泰1号”

一、品种概况

（一）培育背景

凡纳滨对虾（*Litopenaeus vannamei*），又称南美白对虾（White pacific shrimp），凡纳滨对虾最早由中国科学院海洋研究所的张伟权研究员于1988年从美国夏威夷引进，引进后开展了人工育苗研究，并于1992年实现全人工育苗，随后凡纳滨对虾的养殖在国内逐渐推广。在1999年之后凡纳滨对虾的养殖在全国大范围展开，我国的凡纳滨对虾产量在2000年之后呈爆发式增长，一跃成为世界凡纳滨对虾养殖产量最高的国家，近几年我国每年的养殖产量均在100万吨以上。

凡纳滨对虾养殖产业化进程中对于良种的需求越来越迫切，虽然国内已有的选育种和进口品种一定程度上解决了对于良种的需求，但是这些仍不能满足我国凡纳滨对虾养殖产业对新品种和优质亲虾的需求。对于虾苗生产企业和育苗场来说，对于良种的要求是产卵量高，育苗成活率高；对于养殖户来说，对于良种的要求是生长速度快，养殖成活率高。

品系选育是选择育种的一个高级阶段，通过对不同的品系进行专门化选择，可使目标性状实现较快的选育进展。按照育种目标分化选择，培育出专门化品系，通过杂交组合试验筛选出“最佳”杂交模式，再依此模式进行配套杂交所产生的商品品种的过程称为配套系育种。专门化品系是按育种目标性状分别组群选择，每个品系独具优势，通过不同品系的配套组合可以实现不同性状的优势互补。配套系育种不但可以利用加性遗传效应使得目标性状优良基因富集，同时可以利用非加性效应（杂种优势），提高选育个体的生产表现。因此，本项目的目标是利用品系繁育技术，分别培育快长、高存活/高繁、高存活/快长和高繁四个凡纳滨对虾专门化品系，优化和确定品系杂交配套方案，建立四系配套双杂交育种体系，培育出育种目标性状表现优异、遗传稳定的凡纳滨对虾配套系新品种。

（二）育种过程

自 2008 年开始，收集进入中国市场性状优异的正大（Charoen Pokphand Group）、科纳湾（Kona Bay Marine Resources）进口种群，引自 OI（Ocean Institute）并经本地多代留种具有明显适应性的本地种群、国内培育的“科海 1 号”种质材料作为育种基础群。

以育种基础群为材料，建立了 4 个各具特色的新品系育种群，每个品系每年建立 80 个以上家系，采用纯繁和正反交测试结合的育种策略，根据纯繁后代和正反交后代的性状表现，逐代选留符合不同品系特征的亲本个体作为留种群体，形成四个双杂交配套新品系。

在选育过程中，首先从亲本的个体规格（体长和体重）、繁殖性能（产卵量、受精率和孵化率）等方面进行选择，并在育苗期选留变态存活率高的家系。在养殖阶段，测量各家系对虾的体长、体重，考量其平均值和方差，并在养殖比对试验结束时统计成活率，经过多次选择，遴选出生长速度快、成活率高的家系材料。在进行纯繁选育的同时进行品系间的初级正反交测试，留种过程中综合考虑纯繁选育结果和正反交测试结果。从第五代开始，在原有初级正反交测试的基础上，测定次级杂交的组合效果。经过连续七代的品系内纯繁和正反交测试，形成了快长系（A 系），高存活/高繁系（B 系），高存活/快长系（C 系），高繁系（D 系）四个专门化品系，并建立了四系配套双杂交制种技术体系。A 系和 B 系交配形成配套系的父母代父本（AB），具备生长和成活率高的优势，C 系和 D 系交配形成配套系的父母代母本（CD），兼具繁殖力和成活率高的优势，AB 和 CD 交配生产商品代（ABCD）苗种。选育和制种技术路线如图 1 所示。

（三）品种特性和中试情况

1. 品种特性

A 系和 B 系杂交形成的父母代 AB 系作为商品亲虾中的雄虾，具有生长速度快的特点，120 日龄体重为（20.9±1.62）克，同时养殖成活率可达 79%。C 和 D 交配形成的父母代 CD 系作为商品亲虾中的雌虾，具有繁殖力高的特点，每尾雌虾每次平均产卵量为 34 万/尾，孵化率为 96%，养殖成活率可达 76%。

父母代 AB 与 CD 杂交形成的商品苗种（ABCD）具有生长速度快、成活率高的特点，在土池养殖模式下（3 万尾/亩），与本地土苗种群比较，生长速度提高 37%，养殖成活率提高 20%；在高位池养殖模式下（8 万尾/亩），与 SIS 苗种比较，生长速度提高 16%，养殖成活率提高 30%。

2. 中试情况

凡纳滨对虾“广泰 1 号”适合在我国北至辽宁，南至海南的广大海水及咸淡水区域（包括滩涂、湿地、河口地区）养殖，适宜养殖盐度为 0.5~40，由于我国南北方不同地区采用的养殖模式不同，因此中试阶段针对不同地区的不同养殖模式，北方地区选择了具有代表性的粗养模式，南方地区选择了具有代表性的土池养殖模式进行了中间试验，具体情况如下。

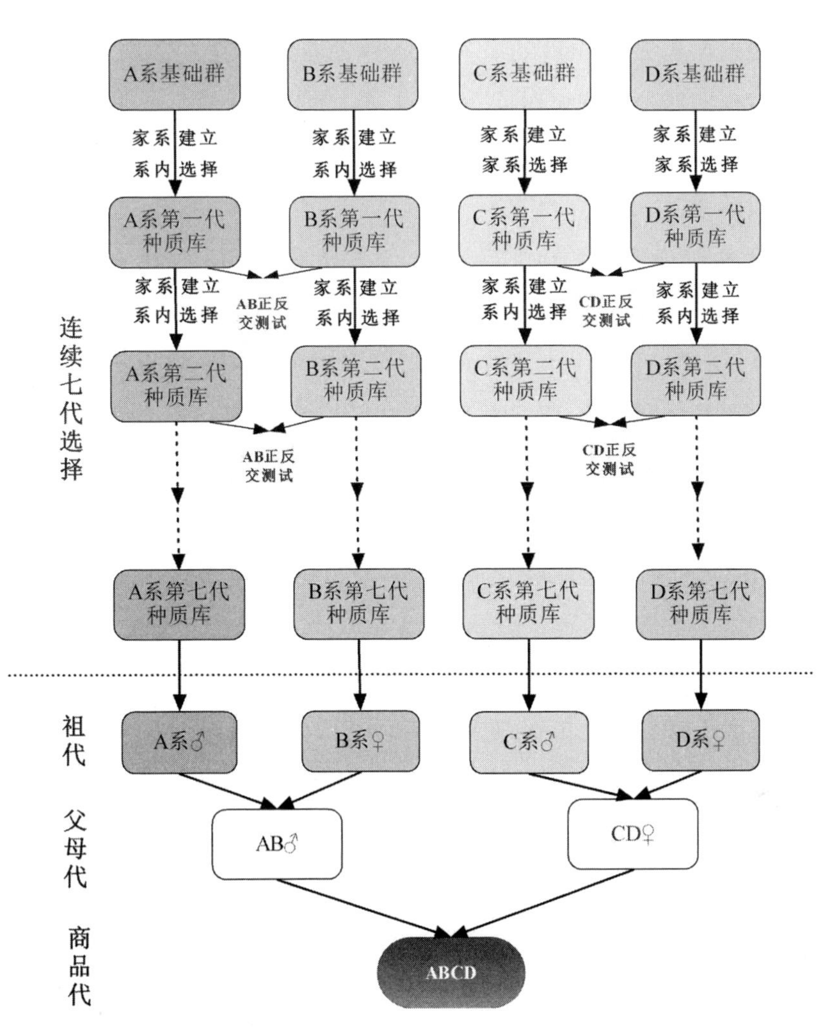

图1 凡纳滨对虾“广泰1号”新品种选育和制种技术路线

A. 快长；B. 高存活/高繁；C. 高存活/快长；D. 高繁

（1）粗养模式中间试验

2013—2015年，在天津汉沽和辽宁营口开展了粗养模式试验，测试了凡纳滨对虾“广泰1号”新品种的生产性能。以未经选育本地商品苗种作为对照，养殖池的面积为15~40亩，每个品种各养3个池，放养密度为1万尾/亩，按粗养模式养殖。测试时间为6—9月，养殖3个月后，随机抽取“广泰1号”和对照各200只个体，测量体重作为生长速度指标，并根据亩产计算最终养殖成活率。

天津汉沽地区粗养模式的养殖比对结果显示：2013年凡纳滨对虾“广泰1号”平均亩产较本地土苗提高51.2%，平均体重比对照提高12.9%，养殖成活率提高33.8%；2014年凡纳滨对虾“广泰1号”平均亩产较本地土苗提高56.5%，平均体重提高18.2%，养殖成活率提高32.3%；2015年凡纳滨对虾“广泰1号”较本地土苗提高46.3%，平均体重提高14.4%，养殖成活率提高27.9%。天津汉沽地区3年的中试结果显示，在同等养殖条件下，“广泰1号”较未经选育的土苗生长速度提高15.2%，成活率提高31.3%，亩产提高51.3%。

辽宁营口地区粗养模式的养殖比对结果显示：2013年凡纳滨对虾“广泰1号”平均亩产较本地土苗提高75.3%，平均体重比对照提高31.4%，养殖成活率提高33.3%；2014年凡纳滨对虾“广泰1号”平均亩产较本地土苗提高68.9%，平均体重提高30.8%，养殖成活率提高29.1%；2015年凡纳滨对虾“广泰1号”较本地土苗提高66.5%，平均体重提高31.3%，养殖成活率提高26.9%。辽宁营口3年的中试结果显示，同等养殖条件下，“广泰1号”较未经选育的土苗生长速度提高31.7%，成活率提高29.8%，亩产提高70.2%。

（2）土池养殖模式中间试验

2013—2015年，在广东江门台山和海南临高开展了中间试验，测试凡纳滨对虾“广泰1号”苗种的生产性能，以未经选育本地商品苗种的作为对照，每口池塘3~10亩，每个品种各养3个池，同步放苗，放苗密度5万尾/亩，按土池养殖模式养殖。测试时间为5—8月，养殖3个月后，随机抽取“广泰

1号”和对照各200只个体，测量体重作为生长速度指标，并根据亩产计算最终养殖成活率。

广东江门台山地区土池养殖模式的养殖比对结果显示：2013年凡纳滨对虾“广泰1号”平均亩产较本地土苗提高60.8%，平均体重比对照提高31.3%，养殖成活率提高22.4%；2014年凡纳滨对虾“广泰1号”平均亩产较本地土苗提高63.6%，平均体重提高28.8%，养殖成活率提高27.1%；2015年凡纳滨对虾“广泰1号”较本地土苗提高78.1%，平均体重提高20.9%，养殖成活率提高47.3%。江门台山地区3年的中试结果显示，同等养殖条件下，“广泰1号”较未经选育的土苗生长速度提高27%，成活率提高32.3%，亩产提高67.5%。

海南临高地区土池养殖模式的养殖比对结果显示：2013年凡纳滨对虾“广泰1号”平均亩产较本地土苗提高85.2%，平均体重比对照提高43.5%，养殖成活率提高29.1%；2014年凡纳滨对虾“广泰1号”平均亩产较本地土苗提高69.7%，平均体重提高36.4%，养殖成活率提高24.4%；2015年凡纳滨对虾“广泰1号”较本地土苗提高45%，平均体重提高26.7%，养殖成活率提高14.5%。海南临高地区三年的中试结果显示，同等养殖条件下，“广泰1号”较未经选育的土苗生长速度提高22.7%，成活率提高35.5%，亩产提高66.6%。

二、人工繁殖技术

（一）亲本选择与培育

1. 亲本培育场选址

亲本培育的场址需要水质清净，周围无工业污染及城市排污口，海水盐度不低于20，海水中重金属离子铜、锌、镉、锰符合国家养殖用水规范，进排水方便，电力供应充足。

2. 培育车间建设

亲虾培育车间保温、通风、且能够调节光照强度，配有锅炉保证冬季低温时水温维持在25℃以上，配有罗茨鼓风机保证氧气供应，水质处理设施包括沙滤、活性炭缸、紫外线消毒、蛋白分离器、精密过滤器等，并备有两个发电机保证电力供应。

车间培育池为水泥底质，面积一般为20~30平方米，水深1.2米左右，装有充氧的底管或者气石，以及用于保温的热水管道，培育池进排水方便，底中间排污。

3. 亲虾来源

所用亲虾来源于凡纳滨对虾“广泰1号”良种保持基地及良种场，亲虾按常规生产标准筛选后，再按选育标准对亲虾进行第二次筛选，要求雌虾规格不小于55克/尾，雄虾规格不小于35克/尾，并通过PCR方法进行WSSV、IHHNV、TSV病毒检测。

4. 亲虾培育

亲虾培育车间中，雌雄虾比例一般为1：（1~1.5），雌雄虾分开培育以提高后期的交配率；亲虾培育密度为10~15尾/米^2，水温28~30℃，pH值为7.8~8.7，每日换水一次，换水量为1/3~2/3；光照采用半遮顶自然光；亲虾培育池中增氧采用底管或者气石增氧，充气呈沸腾状，保障氧气供应；投喂饲料为沙蚕、牡蛎和鱿鱼，每日三餐，日投饵量为虾体重的15%~20%，在后期增加沙蚕所占比重，通过对沙蚕投喂量的控制，调节雌虾的怀卵量。

（二）人工繁殖

1. 亲虾催熟

亲虾生产之前采用镊烫法剪除雌虾一侧眼柄，之后雌虾培育池水温控制在 28~30℃，促进性腺发育成熟。产卵期间，根据雌虾性腺不同发育时期，通过对沙蚕投喂比例和投喂量的调节，控制亲虾产卵周期控制在 7~8 天，产卵量控制在 30 万/尾左右，每尾亲虾的使用时间不超过 3 个月。

2. 亲虾交配

当雌雄虾性腺发育成熟后，即可进行产卵交配，雌虾性腺发育成熟的标志是雌虾的卵巢发育至 V 期（头胸部和身体背面有自前往后连成一条橘红色性腺），雄虾发育成熟的标志是雄虾的第五步足基部外侧的精荚呈白色。生产时每日上午将性腺饱满的雌虾挑到雄虾培育池，使得雌雄虾的比例为1：5，雌雄虾的交配一般在下午 16：00—18：00，晚上 19：00 左右将交配成功的雌虾放置到产卵池，未交配的雌虾放回雌虾培育池。

3. 亲虾产卵

亲虾产卵池需要在池壁涂抹水产专用漆，池壁和池底用高锰酸钾或者甲醛用进行严格的消毒，之后进水并加入 EDTA 螯合水中的重金属离子，并加入适量益生菌调节水质。亲虾产卵池的水温控制在 28~30℃，微量充气避免影响亲虾产卵。

在亲虾产卵池的一侧放置一个网，网孔大小使得虾卵能够顺利通过，将亲虾置于网内，避免亲虾捕食产的卵或者孵化出的幼体。放进入交配后的雌虾一般在当天 21：00—24：00 产卵；产完卵后的雌虾于次日凌晨 1：30 移回亲虾培育池，所产的卵即在产卵池中孵化，孵化密度不超过 50 万/米^2，水温 28.5℃，光照为微光，产卵和孵化期间不使用任何药物。卵和幼体每 30 分钟全池轻缓搅动一次。待幼体发育至溞状幼体 I 期是收集幼体到出苗桶，停气后淘汰中下层的幼体，取上层趋光性强的幼体，镜检无畸形刚毛的幼体，记数后进入育苗池。

（三）苗种培育

1. 藻类培养

育苗场应该配有专门的藻类培养车间，进行纤细角毛藻、牟氏角毛藻或者海链藻等的培养，保障育苗初期藻类的供应。藻种培养（250毫升或以下）保持在控光、控温（低温）等条件下，用于一级培养接种用。藻种的培养无须充气和补充二氧化碳。一级培养是在250毫升到4升的容器中进行的。在适宜的光照和温度条件下，供给补充了二氧化碳的空气，7~14天就可达到较高的细胞密度。取其中一小部分继续用于一级培养，大部分用来接种，开始二级培养（容器体积：4~20升）。之后将二级培养的藻种接种到水泥池中进行三级培养，培养后的藻种即可用于投喂。

2. 卤虫孵化

卤虫孵化池可用水泥池或玻璃钢槽。水泥池一般5~10立方米，锅形底，在底部及离池底10~20厘米处各设1排水孔，便于排污及收集卤虫无节幼体。卤虫孵化槽设有气举管、透明窗，底部锥形，既能防卤虫卵堆集，又利于分离幼体和卵壳。孵化过程中应充气，用电热棒加温，孵化完成后提前15分钟停止充气，让孵化出的卤虫无节幼体自然下沉，方便收取，收取后的卤虫幼体使用甲醛消毒后按照需求使用。

3. 育苗池及用水处理

育苗池大小为20~30平方米，深度为1.5~1.8米，并刷水产专用防水漆，并标出水深刻度线。育苗池中设有底管增氧或者气石增氧，并配置热水管调节水温。

育苗用水经过过滤、消毒一套水处理系统处理后方可使用，并通过曝气或者硫代硫酸钠去除水中的余氯，育苗池进水后加入EDTA、光合细菌、EM

菌、硝化细菌、芽孢杆菌、沸石粉调节水质。

4. 无节幼体培育

经过检疫无病原的无节幼体可以进入下一步的育苗工作，无节幼体在育苗池的密度一般为10万～20万尾/米^3，刚孵出的无节幼体不摄食，利用自身卵黄中的营养供能，此时需要保障育苗水体的水温在28℃左右，不可过高，否则无节幼体变态过快会影响虾苗质量；育苗池需要用黑色布遮盖，避免光线，此时的幼体氧气需求量不高，充气量只需要有轻微的气泡即可。

5. 溞状幼体培育

无节幼体经过6次蜕皮后发育为溞状幼体，溞状幼体分为三个时期，此时的幼体开始摄食植物性饵料，此时水温可以逐步升高，但是不应超过29℃；充气量也逐渐增大，溞Ⅰ期到溞Ⅲ期逐渐增大至沸腾状；溞Ⅰ、Ⅱ期投喂的饵料为角毛藻和使用200目筛捐搓洗后的配合饲料如虾片、车元等，每天投喂6次，保证水体中单胞藻的密度为500个/毫升，溞Ⅲ期投喂海链藻和人工饵料，除此之外，加入少量的卤虫以提高营养供给，卤虫需要用高温烫死后投喂；另外，每天泼洒光合细菌、EM菌、硝化细菌两次以调节水质。

6. 糠虾幼体培育

糠虾幼体分三个时期，进入糠虾后幼体开始食用动物性饵料，此时主要饵料是活的轮虫和卤虫，整个糠虾幼体时期的水温控制在29～30℃，充气量加大至强沸腾状。糠虾Ⅰ期投喂海链藻、虾片及适量轮虫，以150目的筛绢网过滤，每日投喂6次，之后逐渐增加卤虫的用量，至糠虾Ⅲ后卤虫无节幼体三餐，配合饵料三餐；每天泼洒光合细菌、EM菌、硝化细菌两次以调节水质。

7. 仔虾培育

变为仔虾后，虾苗已经具备了虾的雏形，此时水温控制在30℃左右，充气量保持强沸腾状态，光线维持自然光，逐渐添加淡水进行淡化，一是促进虾苗的退壳，二是调节盐度使得与标粗场盐度一致。该时期的主要饵料是卤虫幼体和虾片，前期投喂卤虫无节幼体四餐，微粒饵料两餐，以100目的筛绢网过滤；之后根据目测摄食情况决定投喂量。

8. 标粗和淡化

P5之后的小苗开始进行标粗，根据养殖目的地盐度要求进行苗种的淡化，淡化过程遵循先快后慢的原则：在盐度20以上时每日淡化至盐度4~6，在盐度10~20时每日淡化至盐度2~4，在盐度10以下时每日淡化至盐度2。通过梯度淡化，实现仔虾较高的成活率，此时投喂的饵料为卤虫和虾片等配合饵料，每日投喂4次，根据个体大小调节投喂量。

9. 育苗水质和病原检测

水质检测：日常检测包括测pH值、氨氮、亚硝酸盐、硫化物（硫化氢）、溶解氧（DO）、生物耗氧量（BOD）、化学耗氧量（COD）、水温、盐度、总硬度、总碱度等。

病毒检测：对虾传染性皮下及造血组织坏死病毒、对虾桃拉病毒、对虾白斑综合征病毒等。

弧菌检测：检测副溶血弧菌、溶藻弧菌、哈维氏弧菌、鳗弧菌等。

三、健康养殖技术

（一）健康养殖（生态养殖）模式和配套技术

凡纳滨对虾“广泰1号”适合在我国南北方地区的广大海水及咸淡水区域（包括滩涂、湿地、河口地区）养殖，经过淡化后的虾苗可以在内陆淡水区域进行养殖，养殖模式分为高位池精养、土池半精养和大塘粗养等，不同的养殖模式放养密度和管理方式不同，但是技术要点和注意事项基本相同。

1. 养殖池塘要求

养殖池塘不同养殖模式要求不同，高位池精养池塘一般2~3亩，池体高2米以上，可容水深度2米左右；土池半精养池塘面积多为5~10亩，长方形或者方形，水深范围1.2~1.5米；大塘粗养模式面积较大，一般50~200亩。

2. 池塘消毒

之后对养殖池塘进行消毒处理，对于老塘先干塘曝晒20~30天，彻底清除淤泥和杂草再进行消毒。养虾池药物消毒一般在放苗前15~30天内进行，常用的消毒剂有生石灰、漂白粉、茶子饼等。其用量可根据敌害生物的情况和土壤的酸碱性酌情使用。通常生石灰为75~150千克/亩，漂白粉80~100毫克/升。方法是先将生石灰或漂白粉加水拌和，再均匀地撒布于池底各处，然后进水20~30厘米，再浸泡2天左右，期间还要对池壁经常不断泼洒消毒水。鱼害严重的地方，在上述消毒后，可以再进水施放茶子饼20~30毫克/升（先经浸泡），这时的池水就不用再排出。

3. 进水消毒和肥水

养虾池清池后，一般要在放苗前10~15天，通过60~80目闸网进水，接着要做好池水消毒和施肥培养单胞藻类。虾塘进水50厘米左右，消毒用的药物应挑选广谱、高效，而对浮游植物损害较轻的，常用的有二氯异氰尿酸钠、三氯异氰尿酸钠、二氧化氯、溴氯海因等，用量通常多在0.3~0.5毫克/升范围。池水经消毒后2~3天，施经充分发酵后的有机肥和微生物制剂培养基础饵料。一般施有机肥为100~150千克/亩和肥水灵等生物肥料1~1.5千克。同时，每亩施以尿素1千克，过磷酸钙0.5千克，使塘水透明度在25~30厘米，水色呈茶褐色或黄绿色。

4. 虾苗放养

养虾池内放苗密度的大小与所选择的养殖模式有关（包括虾池条件、养殖配套设施、技术水平、拟养成对虾规格、饲料供应能力以及苗种质量等诸多因子)，通常情况下，养殖可控程度越高，管理越完善，可以放养虾苗密度越大，南美白对虾放苗密度与养殖模式的关系参照表1：

表1　南美白对虾放苗密度与养殖模式的关系

项目＼模式	粗养	半精养	精养
放苗密度（万尾/亩）	1~1.5	3~5	5~10
预期产量（千克/亩）	100~200	250~500	1 000~2 000

放苗后在池中设置1个40目网箱（1米×1米×1米)，网箱内所放的虾苗密度应与池中放苗密度相同，每日投给适量饲料，10天后计数并且计算成活率（一般情况下，网箱内的虾苗成活率要比池中的低10%左右)。可以据此为确定投饵量提供依据。

5. 养殖期水质管理

（1）换水

对于粗养模式，由于放养密度低，池塘水体自我净化能力强，因此不需要换水；而对于半精养和精养，放苗后养殖前中期（50天前）不换水，定期少量添加新水每次3~5厘米，直到水位达到并保持正常养殖水位。养殖中后期（50天后）开始换水，换水量根据养殖密度不同，高位池到了后期需要每天换水。

（2）增氧和排污

大塘粗养模式较少使用增氧机，半精养和精养模式养殖中后期需要定期开增氧机增氧，保证池水最低溶氧不低于5毫克/升。面积小于6亩的池塘，增氧机单层排布；面积超过6亩的池塘，增氧机应双层排布，以使中央污染区面积缩小，高位池精养模式可以提价纳米孔增氧或者底增氧。

养殖中期开始排污，每天排污1~2次，养殖后期每天排污3~4次，在投料前1小时排放，以排出的水中没有黑色污染物为标准。

（3）微生态制剂调控

每天施用微生态制剂，所述微生态制剂包括光合细菌、芽孢杆菌、硝化细菌和EM菌；每20~30天施用底质改良剂，所述底质改良剂为沸石粉，每次每亩施用30~50千克；池塘水pH值低于8.0时，施用生石灰或白云石粉；pH值高于9.0时，施用降碱灵和EM制剂，以使池塘的各项理化指标适于虾的生长。

6. 投饵投喂

大塘粗养模式由于水体中含有丰富的生物饵料，前中期不投喂饵料，中后期每日投喂配合饲料1~2次。精养和半精养模式，投苗第二天就要喂料。根据南美白对虾的体长，选择相应型号的饲料，在养殖前期饲料颗粒小，日投料量为每10万尾0.2千克，每天投料3~4次，日投料量在首次投料基础上递增10%~20%，一般投苗第一个月后，虾一天要喂5次。在水质恶化、池虾摄食量下降时，要适当减少投饵量，而不应推迟投饵时间。

投饵量应坚持“四定”原则，即定点、定时、定质、定量。养殖前期全池均匀投喂；养殖中期、后期，10亩左右的虾池可沿池边4米左右范围内投喂 。根据池虾大小、对虾存池数量、水质状况、饵料台的观察情况等，决定每一餐的投喂量。

7. 巡塘

技术员每天最少3次巡塘，巡察水色变化、对虾游塘脱壳等情况；3次检察观察网，观察对虾摄食及饲料利用情况，同时注意对虾肠道饱满程度及粪便排出情况。

（1）日常塘面工作

日常塘面工作包括塘面清洁、进水渠的清理、增氧机的增减和维护、观察台和观察网的维修、进排水和排污、使用药物等。

每10天测量检查一次对虾生长情况并做记录。每次测量随机取样不得少于50尾。发现异常现象或出现病虾，应及时查明原因并于当天或次日采取相应措施。

（2）水质检测和记录

每天应测定和记录水温、透明度和pH值，有条件的还应测定和记录盐度、DO、亚硝酸盐，并掌握其变化规律。

（二）主要病害防治方法

凡纳滨对虾养殖生产中主要的病害包括病毒性疾病和细菌性疾病，病毒性疾病主要包括桃拉病毒病（TSV）、白斑综合征病毒病（WSSV）、传染性皮下及造血组织坏死病毒病（IHHNV）等；细菌性疾病包括早期死亡综合征（EMS）、红腿病（又称红肢病）、肠炎白便等。其中，白斑杆状病毒病、传染性皮下及造血组织坏死病和早期死亡综合征（EMS），是凡纳滨对虾养殖中目前最主要也是最严重的病害。

1. 对虾白斑综合征

（1）病因及症状

对虾白斑综合征是由对虾白斑杆状病毒（WSSV）引起的迄今所知的最严重的传染性虾病之一，也是海水养殖南美白对虾最危险的病害之一。病虾表现为甲壳特别是头胸甲上出现大小不一，肉眼可见的白斑点，并伴有肝胰腺肿大或坏死、萎缩，对虾一旦感染该病毒并发病，死亡率高达100%。

（2）防治方法

对虾白斑综合征目前尚无有效的防治药物。根本措施是强化管理，进行全面综合预防，并通过鱼虾混养的生物防控方法切断传播途径，减少病害危害。具体防控措施包括：进水前进行彻底清塘消毒除害；严格检测虾苗，杜绝使用带毒虾苗，并合理控制放苗密度；根据养殖模式选择相应的鱼类进行鱼虾混养，例如淡水或半咸水养殖中利用草鱼、鲶鱼、罗非鱼，海水养殖中利用军曹鱼、美国红鱼、石斑鱼等，利用鱼类摄食池塘中可能传播病原的小型甲壳类以及发病死虾来降低病原传播风险；保持养殖水体高溶氧、低氨氮和亚硝氮，维持养殖水体的温度、pH、盐度等水质指标稳定。

2. 传染性皮下及造血组织坏死病

（1）病因及症状

传染性皮下及造血组织坏死病是由传染性皮下及造血组织坏死病毒（IHHNV）感染所致。该病主要危害对虾苗期，导致无节幼体、溞状幼体、糠虾幼体以及仔虾发生严重死亡，尤其对溞状幼体期的变态率和存活率产生严重影响，还引起仔虾和养殖前期生长减缓或虾体畸形。

（2）防治方法

利用PCR检测或者LAMP试剂盒对亲虾进行严格检疫，避免用带毒亲虾进行繁育；用于亲虾培育的群体的养殖池塘应做好清淤消毒，并清除野生甲壳类动物，避免放养带毒虾苗；提倡鱼虾混养，通过鱼摄食发病对虾而降低病原传播的风险。

3. 急性肝胰腺坏死病

（1）病因及症状

急性肝胰腺坏死病目前主流的观点认为是由带有PirA和PirB质粒的副溶血弧菌暴发导致的，同时一些其他弧菌如哈维氏弧菌、美人鱼发光杆菌也会引起类似的症状。发病对虾肝胰腺白色覆膜消失，肝胰腺颜色变浅至发白，体表色素细胞减少，肌肉轻微浑浊，体色发白或轻微发蓝，肠道内容物不连贯或空肠空胃，放苗后1个月内发病急，死亡率高。

（2）防治方法

从苗种入手，对苗种进行TCBS平板菌落计数，选择带菌量少的虾苗进行养殖；做好清池消毒，降低池底有机质的数量以减少细菌繁殖机会；采用“少吃多餐”的投喂方式，保证饲料投喂后1小时内吃完，严格避免残饵；在水体中和饲料中多用和伴喂芽孢杆菌、乳酸杆菌、光合细菌、酵母菌等有益微生物；混养或套养罗非鱼、梭鱼等能对池底有机质进行清理利用的鱼类。

四、育种和种苗供应单位

（一）育种单位

1. 中国科学院海洋研究所

地址和邮编：山东省青岛市市南区南海路7号，266071

联系人：相建海

电话：18678925718

2. 西北农林科技大学

地址和邮编：陕西省咸阳市杨凌区邰城路3号，712100

联系人：刘小林

电话：13359185712

3. 海南广泰海洋育种有限公司

地址和邮编：海南省文昌市翁田镇，571328

联系人：黄皓

电话：13976992198

（二）种苗供应单位

海南广泰海洋育种有限公司

地址和邮编：海南省文昌市翁田镇，571328

联系人：黄皓

电话：13976992198

（三）编写人员名单

相建海，黄皓，于洋，李富花，刘小林

凡纳滨对虾“海兴农2号”

一、品种概况

（一）培育背景

当前凡纳滨对虾是我国养殖产量最大的对虾品种，生长速度是养殖户关注的主要性状，同时随着养殖密度的增加和养殖环境的恶化，对虾体抗逆性的要求也不断提高。在此背景下，“海兴农2号”以生长速度为第一选育目标，养殖成活率为第二选育目标，进行持续选育，新品种的培育成功对我国凡纳滨对虾产业的持续健康发展具有重要意义。

（二）育种过程

凡纳滨对虾“海兴农2号”利用从美国夏威夷、佛罗里达、关岛和新加坡等地区引进的8个亲虾群体，以生长和成活率为选育目标，采用BLUP技术经连续5代选育而成。核心家系的平均养殖体重从第1代时候为（11.59±2.35）克，到第5代时提高到（14.01±1.27）克，提高幅度达到20.89%；养殖成活率第1代时为（36.53±17.33）%，到第5代时提高到（76.55±11.13）%，提高幅度达到109.56%。

（三）品种特性和中试情况

凡纳滨对虾“海兴农 2 号”生长速度快，相同养殖条件下养殖体重较市场商品苗快 11.9%以上，个体规格整齐；抗逆性强，养殖成活率相比市场商品虾苗高 13.8%以上；在广东、广西壮族自治区、福建和浙江等凡纳滨对虾主养地区连续 2 年的中试对比养殖结果表明，在相同养殖管理条件下，“海兴农 2 号”平均成活率达到 60.0%～85.3%，平均亩产达到 250～500 千克，相比对照的商品虾苗，“海兴农 2 号”增产幅度在 10%～30%。

二、人工繁殖技术

（一）亲本选择与培育

凡纳滨对虾“海兴农 2 号”亲本来自广东海兴农集团有限公司选育基地性成熟亲虾。亲虾的质量要求包括养殖日龄：雌虾≥270 天，雄虾≥300 天；个体规格：雌虾体长≥15 厘米，体重≥40 克，雄虾个体≥14 厘米，体重≥38 克；体表光滑，色泽鲜艳，胃肠充满食物，活力强，WSSV、TSV、IHHNV 和 IMNV 等检测阴性。

亲虾培育池为圆形池或长方形水泥池，面积在 30～60 平方米，池深 90～120 厘米，池底设有排水孔，向一边或中间倾斜，坡度为 2%～3%。亲虾培育密度为 10～15 尾/米^2，雌、雄亲虾比例为 1：（1～1.5）。

培育池水深 60～70 厘米，水温 28～29℃，沿池周边每 50～60 厘米设一个气石，充气呈沸腾状。投饵要求按时适量，以满足亲虾摄食为原则。每天投喂量为亲虾总体重的 10%～15%（饵料以湿重计），每天分别在 8：00、16：00、23：00 各喂一次。投饵时，应沿池边多点投喂，避免亲虾摄食不均。饵料的种类以沙蚕、鱿鱼等鲜活饵料为主，添加少量的维生素 E、维生素 C，兼投适量的亲虾专用人工配合饲料。

每天吸污换水2次，每天8：30和16：00，先用虹吸方法吸去残饵和亲虾的排泄物，再加注新水，日换水率50%～100%。加注新鲜海水的水温与原培育水温接近，温差不超过1℃。

（二）人工繁殖

亲虾催熟培育4～7天后，每天检查亲虾性腺发育情况。性腺成熟的雌虾，从背面观，卵巢饱满，呈橘红色，前叶伸至胃区，略呈“V”字形。每天8：00—9：00挑选性腺成熟的雌虾移入雄虾培育池中让其自行交配。白天光照强度500～1 000勒克斯。夜晚开启交配池上方的日光灯，光照强度保持在200～300勒克斯。

产卵池经严格消毒，用洁净海水冲洗干净后，注入海水1.0～1.3米，水温28～30℃，光照强度50勒克斯以下，气石1个/米^2，微弱充气，保持安静。每天20：00和23：00左右分两次检查交配池中雌雄交配情况，将已交配的雌虾用捞网轻轻捞出放入产卵池，密度4～6尾/米^2。未交配的雌虾在次日00：00前后，捞出放回雌虾原培育池中。产卵后，要及时捞出雌虾放回原培育池，将产卵池中的污物清除。

受精卵的孵化密度控制在30万～80万粒/米^2，调节气石充气量，使水呈微波状。孵化水温保持28～30℃，每30～60分钟推卵1次，将沉底的卵轻轻翻动起来。在孵化过程中应及时用网把脏物捞出，并检查胚胎发育情况。12～13小时后孵化为无节幼体（N），经品控部门检测合格为健康幼体方可销售或使用。

（三）苗种培育

育苗室应具有防风雨、保温和调光的功能。育苗池为正方形或长方形水泥池，一般建在室内，池深1.2~1.5米，容积12~20立方米。池底和四壁涂刷无毒聚酯漆，并标出水深刻度线。池底应向一边倾斜，坡度为2%~3%，池底最低处设排水孔，池外设集苗槽。放养无节幼体前，必须对育苗池进行严格的清洁消毒，把育苗池壁、池底、气管、充气石、加温管等清洗干净。池底、池壁可用500毫克/升高锰酸钾涂抹消毒3小时以上，然后用清水冲洗干净备用；气管、充气石则用1 000毫克/升漂白精浸泡12小时以上，再用清水冲洗干净备用。

无节幼体入池前，在育苗池水中加入乙二胺四乙酸二钠（EDTA二钠）2毫克/升，微弱充气。将幼体移入手捞网（200目筛绢），用10毫克/升聚维酮碘溶液中浸泡5~10秒，取出迅速用干净海水冲洗，然后移入育苗池中，放养密度应根据育苗池的条件而定，一般为20万~30万尾/米^3。无节幼体不摄食，不需投饵。微弱充气，水温28~32℃，光照强度500勒克斯以下。

培育水温28~32℃，幼体各发育期充气量不同，无节幼体阶段水面呈微沸状；溞状幼体阶段呈弱沸腾状；糠虾幼体阶段呈沸腾状；仔虾阶段呈强沸腾状。从无节幼体阶段到仔虾阶段，培育池的光照强度可从弱到强逐渐增强，溞状幼体至糠虾幼体通常200~500勒克斯，仔虾阶段至虾苗出池通常500~1 000勒克斯。

投饵量应根据幼体的摄食状况、活动情况、生长发育、幼体密度、水中饵料密度、水质等情况灵活调整。

溞状幼体阶段（Z）：投喂单胞藻3~5次/天，投喂人工配合饵料4~6次/天，幼体在不同的发育阶段，饵料颗粒大小使用不同规格的筛绢网进行搓洗投喂。溞状Ⅰ期筛绢网用250目；溞状Ⅱ、溞状Ⅲ期用200目；视幼体发育情况，可定期添加一定量的益生菌预防疾病，增强体质，确保幼体顺利发育生长。

糠虾幼体阶段（M）：投喂单胞藻3~5次，投喂人工配合饵料4~6次/

天。糠虾期饵料搓洗所用筛绢网目为150目。

仔虾阶段（P）：随着仔虾的长大，饵料搓洗所用筛绢网目由120目、100目、80目逐渐更换。仔虾阶段以投喂卤虫无节幼体为主，兼投少量虾片。

无节幼体期为间歇划动，溞状幼体为蝶泳状游动，糠虾幼体为倒吊弓弹运动，仔虾为水平正游。水温28~32℃，幼体生长发育正常的情况下，N1→Z1需30~40小时，Z1→M1需3.5~4.5天，M1→P1需3~4天，P1→体长为0.6厘米的虾苗约需7天。

培育过程中定期观察、检查幼体摄食和生长发育情况，每天对水质进行检测，水质调控保持水质指标pH值7.8~8.2；盐度26~35；化学耗氧量5毫克/升以下；氨氮含量0.5毫克/升以下；亚硝酸盐氮含量低于0.1毫克/升；溶解氧含量大于5毫克/升，发现问题及时进行分析、解决。

加强饵料培养，确保饵料供应的数量及质量；培育池及生产用具要严格消毒，各种工具专池专用；操作人员要随时消毒手足，定期消毒车间各个角落、通道；外来人员避免用手触摸池子、工具。育苗生产所使用药物应符合国家无公害健康养殖的相关规定，严禁使用国家明文禁用的抗生素或其他消毒药物。

健康的幼体活力好，趋光性强，胃肠充满食物，体表无黏附物，附肢完整无畸形，体色无白浊、不变红，色泽清晰，肌肉饱满。经品控部门检验合格、为无特定病原（SPF）的健康幼体方可销售或使用。

三、健康养殖技术

（一）健康养殖（生态养殖）模式和配套技术

养殖地环境和水质条件要求符合我国水产养殖的相关规定，通水、通电、交通方便，环境无污染、水源丰富、洁净。室外池塘面积以1 000~10 000平方米，室内水泥池 50~100 平方米为宜。池形设置应该有利于水体的交换和污物的排出，一般养殖池以长方形为宜，长宽比例小于或等于 3∶2；池深为 2.0~2.5 米，水深 1.5~2.0 米。进水、排水管道独立分开设置。

苗种放养前将养成池、蓄水池、沟渠等积水排净，封闸晒池，维修堤坝、闸门，并清除池底的污物杂物。沉积物较厚的地方，应翻耕曝晒或反复冲洗，促进有机物分解排出。清淤整池之后，对池体进行消毒除害，可用生石灰。将池水排至 0.1~0.2 米，全池泼洒生石灰，用量 0.1 千克/米^2 左右。清塘消毒后，虾苗放养前 7~10 天，用 60 目以上的袖状筛网过滤进水至水深 0.6~0.8 米，向水中施发酵有机肥或无机肥，培育水体。

海兴农公司建立了严格的质量品控体系，“海兴农 2 号”虾苗的规格、体色、活力和检疫等都具有良好的品质保证。放苗前进行试水 1 天，虾苗情况良好，成活率达 90%以上，可放苗。若淡水或地下低盐度水养殖，应对池水进行离子成分分析，经调节达到养虾要求方可放苗。使用淡水或低盐度水养殖时，淡化虾苗池水盐度与待放苗池水盐度差不超过 3。

为提高苗种成活率，增强其对水体的适应性，可先进行小面积标粗培育。虾苗培育池可在养成池一角围一小池，面积为 100~500 平方米，池深 1.5 米左右，配有增氧设备，可采用塑料温棚保温或增设供热设备加温，使水温维持在 22℃以上。投放密度 250~500 尾/米^3，20~30 天后，虾苗长到 2~3 厘米，投放入养成池，养成。根据养殖技术水平和养殖设施设备条件，放养合适的密度，一般情况下精养池虾苗投放密度为 60~100 尾/米^3，半精养池虾苗投放密度为 40~60 尾/米^3，粗养池虾苗投放密度为 20~30 尾/米^3。

养殖投喂配合饲料粗蛋白含量以 30%~40%为宜，其他营养符合健康养虾要求。饲料要注意保存，不投喂变质、过期的饲料。建议投喂海大集团生产的对虾配合饲料。根据对虾规格、蜕壳情况、天气状况、水质与底质情况来综合确定每日投喂量。每日投饵 4~6 次，下午以后投饵量占全天投饵量

60%以上。一般虾苗体长3厘米之前，可投放（0.5±0.3）毫米粒径饲料，日投饵率15%~20%；虾体长3~7厘米，可投放（0.9±0.4）毫米粒径饲料，日投饵率10%~12%；虾体长7~9厘米，可投放（1.3±0.2）毫米粒径饲料，日投饵率9%~10%；虾体长9厘米以上，可投放（1.8±0.2）毫米粒径饲料，日投饵率5%~8%。投饵遵循“少投勤投”原则，还要依照对虾胃饱满度和环境情况作相应调整，投饵后1小时，如有2/3以上的对虾达到饱胃和半饱胃，说明投饵量适当，否则应增加或减少投饵；水中溶氧降低、氨氮升高、水温低于15.0℃或高于32.0℃等环境条件不良时，应减少投饵量。

整个养殖期间水质保持在以下范围：pH值7.5~8.5，溶解氧5毫克/升以上，氨氮0.5毫克/升以下，亚硝酸盐0.2毫克/升以下。前期养殖时每天添加水0.05~0.1米，水深至1.5米后保持水位。30天后每天换水10%，60天后每天换水15%~20%。养殖中如果水质异常，加大换水量，边排边进。为避免对虾出现应激反应，换水可分两次进行，两次累计换水30%~40%。池水中泡沫，应及时清除。

每隔半月，全池泼洒生石灰15毫克/升，调节池水的pH值、增加蜕壳所需钙质，与漂白粉1.0~1.5毫克/升或二氧化氯0.3~0.4毫克/升交替使用，以消毒水体。同时，根据水质情况不定期按照产品说明，使用枯草芽孢杆菌、光合细菌等微生态制剂，分解有机物、抑制有害菌的生长。维持稳定的单胞藻数量，调节水质，但注意不能与消毒剂同时使用。养成期间视天气情况、虾活动情况开增氧机，确保溶解氧5毫克/升以上。养殖60~90天虾体长10厘米以上，可根据市场需求情况或者采用地笼网捕大留小，及时将达到商品规格的虾捕捞上市，以保持池内合理的载虾密度。

（二）主要病害防治方法

养成期间，定期测量水温、溶氧、pH值、氨氮、亚硝酸盐、透明度等指标，定期测量对虾生长情况，观察对虾活动及分布，观察对虾摄食及饲料利用情况。及时清除养虾池周围的蟹类、鼠类，及时发现病虾及死虾，检查病因、死因，及时捞出病虾、死虾处理。“海兴农 2 号”抗逆能力强，在良好的水质环境和养殖管理条件下病害较少，养殖成活率高。凡纳滨对虾养殖过程中的常见和危害严重的病害名称、病因、主要症状、流行季节和防治方法等见表 1。渔药的使用和休药期应按照 NY 5071 的规定进行。

表 1　凡纳滨对虾养殖过程常见病及防治方法

病名	病原	主要症状	流行季节	防治方法
红体病	TSV 病毒	早期症状表现为对虾起群惊跳和出现环游现象，大触须变红，肌肉容易变浑浊，能看出肝胰脏模糊不清和肝脏肿大发红；发病前的对虾食量猛增，后期体色变成茶红色，病虾不吃食，在水面缓慢游动，捞离水后瞬间死亡	该病交叉感染快，死亡率高，易感群体为 6~9 厘米的幼虾，小虾死亡较快，环境剧变时易发生此病，主要是气温陡变和水质变化应激反应和藻类毒素造成的	采用综合防治方法，在防治上应做到以下几点：重视生物安全防疫，减少感染机会；减少应激反应，提高虾体的免疫力和抗病能力；加强水质、底质的改良，定期使用微生态制剂降低亚硝酸盐和氨氮，使对虾有一个舒适环境，减少病害的发生

续表

病名	病原	主要症状	流行季节	防治方法
白斑病	WSSV 病毒	病虾反应迟钝，不摄食，空胃；病虾甲壳上有白色的圆点，以头胸甲处最为显著，严重者白点连成白斑；病虾鳃丝发黄，肝胰腺肿大，糜烂，通常在几天内便可发生大量死亡，若水质稳定营养全面，则可维持1个月左右，死亡进程随着体长的增加而缩短，即大虾死亡速度高于小虾	天气闷热、连续阴天、暴雨、虾池中浮游植物大量死亡、池水变清及底质恶化均易发生此病，发病适宜温度为24~28℃，6—8月易暴发	采用综合防治方法，在防治上应做到以下几点：重视生物安全防疫，减少感染机会；减少应激反应，提高虾体的免疫力和抗病能力；加强水质、底质的改良，定期使用微生态制剂降低亚硝酸盐和氨氮，使对虾有一个舒适环境，减少病害的发生
红腿病	鳗弧菌、副溶血弧菌	病虾附肢变红，头胸甲鳃区呈黄色或浅红色，肝胰脏及心脏颜色变浅，肝胰脏萎缩糜烂，病虾游动不能控制方向，通常病虾发病2小时后开始死亡，死亡率高达90%	该病常呈急性型，多发生于高温季节	预防：放养前须彻底清塘，在高温季节定期往养殖水体泼洒光合细菌5毫克/升或芽孢杆菌0.25毫克/升；同时在此期间，每隔10天左右，应全池泼洒二溴海因复合消毒剂0.2毫克/升，但两者不可同时进行。 治疗：全池泼洒二溴海因复合消毒剂0.2毫克/升，同时内服含有药物的饲料，可在每千克饲料内添加中氟苯尼考0.5克，连续投喂3~5天

续表

病名	病原	主要症状	流行季节	防治方法
烂眼病	非01型霍乱弧菌	病虾漂浮于水面翻滚，眼球肿胀，由黑色变成褐色，进而溃烂，有的只剩下眼柄	一般在高温季节常见，病虾大都在1周内死亡，死亡率在30%左右，养殖密度高、有机质丰富及盐度低的水域容易发生	预防：彻底清塘，保持合理养殖密度，经常采用生物、化学或物理的方法改良养殖环境。 治疗：全池泼洒二溴海因复合消毒剂0.2毫克/升，连续泼洒2天，同时内服抗菌药，每千克饲料内添加中氟苯尼考0.5克，连续投喂3天即可
纤毛虫病	钟形虫、聚缩虫、单缩虫及累枝虫等	病虾鳃部变成黑色，附肢、眼及体表呈灰黑色绒毛状，病虾离群独游，摄食不振，蜕皮困难，呼吸困难，蜕壳困难	底质含有大量腐殖质且老化的池塘易发生此病，且容易引起细菌继发性感染而发生大量死亡	预防：经常采用沸石粉10~20毫克/升泼洒水体，有效改良养殖环境。 治疗：可全池泼洒一次工业级硫酸锌2~3毫克/升，次日全池泼洒0.3毫克/升溴氯海因复合消毒剂，间隔10天后，全池重复泼洒一次工业级硫酸锌3毫克/升
黑鳃病	柱状曲桡杆菌	病虾鳃丝呈灰色，肿胀，鳃丝溃烂，病虾呼吸困难，摄食不振，镜检鳃部常见大量细菌	主要发生在高温期，高密度、水体富营养化的虾池易发生此病	预防：平时提高水位，稳定水质，经常采用枯草芽孢杆菌0.25毫克/升及沸石粉10~20毫克/升改良养殖环境；尽量避免环境条件突变，定期泼洒消毒剂；高温季节，适当泼洒生石灰，通常泼洒用量为5~10毫克/升。 治疗：全池泼洒超碘季铵盐0.2毫克/升，通常须连续泼洒2天，间隔2天后，全池泼洒枯草芽孢杆0.25毫克/升或光合细菌5毫克/升一次，适当内服一些符合健康安全要求的抗菌药

续表

病名	病原	主要症状	流行季节	防治方法
发光细菌病	发光细菌	晚间可见池水发光，严重时可见池中对虾游动	养殖期间均可见到	定期使用微生态制剂改良水质，发病后可泼二溴海因0.2毫克/升，1~2次见效
褐斑病	弧菌属或气单胞菌属	病虾的体表甲壳和附肢上有黑褐色或黑色的斑点状溃疡，斑点的边缘较浅，中间部颜色稍深，病情严重则溃疡处迅速扩大形成黑斑，造成南美白对虾陆续死亡	该病主要发生在养殖后期，影响商品虾的外观和品质，死亡率三成左右	预防：疾病流行期间，经常投喂药饵，每千克饲料内添加中氟苯尼考0.5克，通常每月投喂1~2次，每10天左右采用泼洒超碘季铵盐0.1毫克/升一次。治疗：连续泼洒超碘季铵盐0.2毫克/升2天，同时每千克饲料内添加中氟苯尼考（10%）1.0克，连续投喂5天即可

四、育种和种苗供应单位

（一）育种单位

1. 广东海兴农集团有限公司

地址和邮编：广东省广州市番禺区市桥光明北路225号银都大厦608室，511400

联系人：李辉

电话：13928809506

2. 广东海大集团股份有限公司

3. 中山大学

4. 中国水产科学研究院黄海水产研究所

（二）种苗供应单位

广东海兴农集团有限公司

地址和邮编：广东省广州市番禺区市桥光明北路225号银都大厦608室，511400

联系人：李辉

电话：13928809506

（三）编写人员名单

孔杰，何建国，江谢武，李辉，陈荣坚，陈柏湘，翁少萍，栾生

中华绒螯蟹“诺亚1号”

一、品种概况

（一）培育背景

中华绒螯蟹（*Eriocheir sinensis*），又称河蟹，主要分布在长江、辽河、瓯江三大水系，其中，长江水系中华绒螯蟹以个体大、肉质美、膏脂丰满而著称，深受广大消费者的喜爱，是非常重要的河蟹种质资源。然而，随着我国河蟹产业飞速发展、养殖产量成倍增长、养殖经济效益显著提高，河蟹主产区（长江中下游地区）开始出现不同水系河蟹的无序引入和育苗生产上的逆向选择及累代繁育，造成长江水系河蟹种质严重混杂和退化。长江水系河蟹种质的混杂与退化导致其特有的品质特点逐步退化，造成养殖的河蟹规格小、产量低、发病率高，养殖经济效益持续低滑，已严重制约着我国河蟹养殖业的可持续发展。虽然近几年已有多个中华绒螯蟹水产新品种获得审定通过，但其苗种供应量远远无法满足市场需求。鉴于目前河蟹种质混杂和退化严重，极有必要开展优质高产抗逆性强的河蟹良种选育工作，选育具有优良生长性状且抗逆性强的河蟹新品种，以满足养殖长江水系河蟹原良种的需求，确保河蟹产业可持续发展。

（二）育种过程

1. 亲本来源

长江干流江苏仪征段中华绒螯蟹野生群体。

2. 选育过程

2004年年底，从长江干流江苏江段收集获得中华绒螯蟹野生群体，从中挑选出选育基础群体，挑选选育基础群体中华绒螯蟹的要求主要有：体型健壮、附肢齐全、活力强、性腺发育良好；有4个额齿尖，额齿间缺刻深，内额齿间缺刻呈“U”形，具备长江水系中华绒螯蟹“青背、白肚、金爪、黄毛”的显著特征；雌蟹体重150克以上，雄蟹体重200克以上。最终，共挑选出689只野生中华绒螯蟹（其中雌蟹365只，雄蟹324只）作为选育基础群体，采用群体继代选育技术于2005年配组繁殖获得 F_1 代，对 F_1 代进行两次定向筛选，挑选出具有显著生长优势和品种特征的个体（雌雄比3：1）作为亲本，2007年繁殖获得 F_2 代，按照相同的方法在2009年、2011年和2013年分别获得 F_3 代、F_4 代和 F_5 代，选育 F_5 代与对照组相比，生长速度提高19.86%，选育技术路线见图1。

因中华绒螯蟹的性成熟年龄为2龄，繁殖后亲蟹死亡，故存在奇偶年群体之分。将奇数年繁殖子代的群体称为奇数年选育群体，偶数年繁殖子代的群体称为偶数年选育群体。因此，将2005年繁殖 F_1 代的群体称为奇数年选育群体。

2005年年底，采用相同的方法捕捞亲蟹并挑选出567只野生中华绒螯蟹亲蟹（其中雌蟹392只，雄蟹175只）作为偶数年选育基础群体，并采取同样的选育技术路线开展选育，于2006年繁殖获得 F_1 代，至2014年获得 F_5 代，称为偶数年选育群体。偶数年 F_5 代选育组与对照组相比，生长速度提

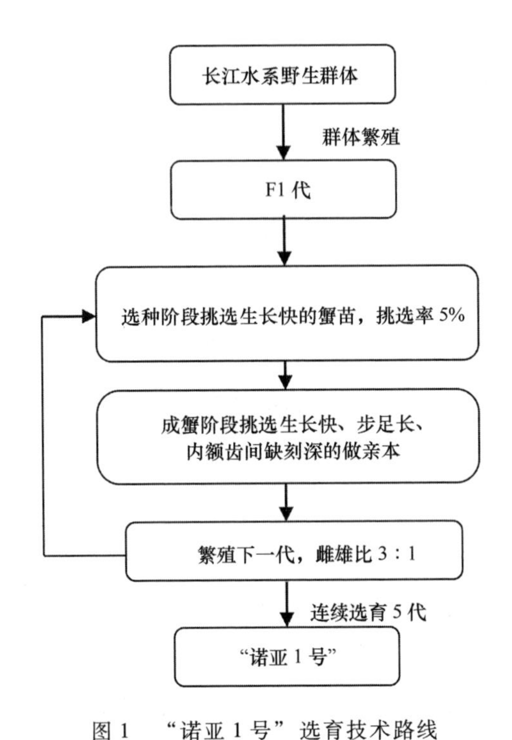

图 1　“诺亚 1 号”选育技术路线

高 20.72%。

（三）品种特性和中试情况

1. 品种特性和优良性状

（1）形态特征显著

具有长江水系中华绒螯蟹“青背、白肚、金爪、黄毛”的显著特征，有 4 个额齿尖，内额齿间缺刻深，呈“U”形或“V”形。

（2）生长速度快

经过多代选育，与对照养殖群体相比，选育群体生长速度逐代提高，奇、偶年 F_5 代生长速度比对照组分别快 19.86% 和 20.72%。

（3）大规格率高

在相同养殖条件下，成蟹大规格率显著提高，雄蟹200克以上的比例达56%以上、雌蟹150克以上比例达41%以上，分别比对照组高21%和18%。

2. 中试情况

从2014年起，陆续在常州、苏州、无锡、南京、淮安、宣城、芜湖等地区进行了中试，"诺亚1号"的生长性状良好，同其他河蟹相比，"诺亚1号"具有生长快、大规格率高、体型好、存活率高等特点，适合池塘、稻田等多种养殖方式，取得显著的经济和社会效益。

淮安市盱眙常隆农业科技有限公司2014年和2015年均引进"诺亚1号"进行大规模养殖，养殖面积达1 000亩，亩产量提高20%以上，累计新增产值360万元，新增利润175万元。"诺亚1号"商品蟹规格大、成活率高且产量高，比普通中华绒螯蟹生长快23.4%。

常州程超水产品有限公司2014年开始引入"诺亚1号"开展大规模养殖，养殖面积达300亩，养至成蟹后，开展抽样测量，从3个养殖池塘中随机抽样50只雄蟹和50只雌蟹，雄蟹最大个体达287.6克，平均值234.2克，超过200克的个体比例超过65%。雌蟹最大198.6克，平均值158.2克，体重超过150克的个体比例超过50%。

常州市永丰水产专业合作社2014—2016年均引进了"诺亚1号"，在其500亩的养殖基地进行了生产性中试试验，连续2年，抽样结果均显示"诺亚1号"生长速度明显快于普通养殖品种，5个养殖池塘比对照池塘分别快19.6%、22.8%、29.4%、32.8%、24.6%，经济效益大大提高。

苏州市阳澄湖渔阳蟹业有限公司2014—2015年均引进"诺亚1号"进行养殖，养殖面积达200亩，"诺亚1号"生长速度快、大规格率高、死亡率低，亩单产提高22%，新增产值75万元，新增利润28万元，取得显著经济效益和社会效益。

2014—2015 年，宣城市金新河蟹苗种专业合作社从江苏诺亚方舟农业科技有限公司引进“诺亚 1 号”大眼幼体超过 1 000 千克，培育成蟹种后供应附近的养殖户，累计推广面积超过 1 500 亩，新增产值 476 万元，新增利润 135 万元。“诺亚 1 号”比普通中华绒螯蟹生长快 25%以上。

宜兴市新建河蟹养殖专业合作社从 2015 年开始引进“诺亚 1 号”，其养殖面积达 200 亩，通过中试试验发现，与普通品种相比，“诺亚 1 号”不仅生长速度快、大规格率高、存活率高，并且体色纯正、体型健壮、腹部银白，非常受欢迎，200 亩养殖面积新增产值 24 万元，新增利润 8 万元。

宜兴市生锋生态河蟹养殖专业合作社 2015 年开始养殖“诺亚 1 号”，养殖面积达 350 亩，亩产量显著提高，超过 20%，大规格率都远超普通养殖品种，新增产值 33.2 万元，新增利润 11 万元。

截止到 2015 年，共生产大眼幼体约 1.6 万千克，累计推广面积超过 2.2 万亩，新增产值 8 500 万元，新增利润 2 100 万元。2013—2016 年，“诺亚 1 号”共推广到全国 10 多个省市地区，推广总面积超过 5 万亩，2013—2015 年已取得了显著的经济效益，2016 年经济效益待成蟹上市后进行统计。

二、人工繁殖技术

（一）亲本选择

亲本来源于选育系，选育系每一世代共进行两次选择才能作为后备亲本。第一次选择是在蟹种阶段，主要以生长速度为指标，雄蟹 8.5 克以上，雌蟹 7.5 克以上；第二次选择是在成蟹阶段，主要以形态特征和生长速度为指标，内额齿间缺刻深，呈“U”形或“V”形，具有“青背、白肚、金爪、黄毛”的显著特征，雄蟹 250 克以上，雌蟹 200 克以上。在筛选出的后备亲本中挑选体质健康、活力强、性腺发育好、无残肢的成蟹作为繁殖亲本。

（二）人工繁殖

1. 育苗池塘条件

育苗池塘面积 2~5 亩，池深 1.5~2.5 米，坡比 1∶3，亲蟹下塘前 7 天注入海水，海水盐度为 18~25，水深 1 米，并用 50 毫克/升的漂白粉消毒，池底铺设微孔增氧系统。

2. 亲蟹交配

雌雄配比为（2~3）∶1，用 5%的食盐水消毒后直接放入交配池内，放养量 800~1 200 只/亩，亲蟹受到咸水的刺激，10~15 天雌蟹基本抱卵，及时捕出雄蟹，以防止对抱卵蟹的干扰。

3. 抱卵蟹的饲养

亲蟹从抱卵到孵化出溞状幼体需要一个多月时间，抱卵蟹的饲养直接影响到幼体的孵化。随着水温升高抱卵蟹摄食量相应增大，每日投饵量为亲蟹总重的 1%~3%，一般以含蛋白质较高的鱼干、螺蚌肉为主，谷类、颗粒饲料为辅。每 7~10 天换水一次，同时还要经常检测池水盐度。经过 35~40 天的精心饲养，卵粒逐渐透明，出现眼点和心跳，预示幼体 2~3 天可出膜。

（三）苗种培育

1. 蟹苗培育

（1）培育池条件

水源充足，水质良好，进排水方便，池底平坦，淤泥少，面积 1~3 亩，水深 1 米。

（2）培育池消毒施肥

投放蟹苗前 15~20 天，排干池水，池底曝晒数天后，采用生石灰加水融化全池泼洒，生石灰用量 50~80 千克/亩。蟹苗下池前 7~10 天，池内注水 0.5 米，投经发酵后的鸡粪、牛粪、猪粪等，用量 150~200 千克/亩。

（3）蟹苗放养

选择优质蟹苗，规格整齐，个体粗壮，游泳活泼，有光泽和透明感，爬行敏捷，体表无虫及异物。放养密度 1.5~3 千克/亩。

（4）投喂管理

饵料种类有天然饵料和人工饲料。天然饵料主要有浮游生物、水生植物、底细生物等；人工饲料有小麦、菜饼、豆饼、南瓜及配合饲料等。蟹苗下塘后蜕皮变态为Ⅰ期仔蟹期间主要以池中的浮游生物为食，不足时可增投喂豆浆、熟蛋黄等，少量多次。Ⅰ~Ⅴ期仔蟹以投喂人工饵料或配合饲料为主，Ⅰ~Ⅲ期仔蟹期间日投喂量为蟹总重的 50%~80%，Ⅲ~Ⅴ期仔蟹日投喂量为蟹总重的 10%~30%。采用沿池四周定点投喂方法，将饵料放在浅水处或水草等附着物上。每天早晚各投喂 1 次，早上投日投喂量的 30%左右，傍晚投日投喂量的 70%左右。

2. 蟹种培育

（1）池塘条件

水源充足，水质清新，进排水方便，交通便利，无污染。培育池面积 2~5 亩，坡比 1∶3，水深 0.6~1.5 米，淤泥厚小于 0.1 米。为防止蟹逃逸，对池埂进行加固、整平，池四周用聚乙烯网片围起，以防青蛙等敌害生物进入池内，网底部埋入土下 0.1 米，网高 1 米。距聚乙烯网片内侧 1~2 米处用聚丙烯塑膜或铝片等材料构建防逃墙，高 0.4~0.6 米，内侧光滑，无支撑，稍向池内侧倾斜，用竹桩固定，拐角圆弧形。

（2）放养前准备

幼蟹入池前 10~15 天用生石灰清塘，杀灭病原菌、野杂鱼等敌害生物。清池后 5~7 天，注水 0.4 米，进水口用 60 目筛绢网过滤，防止野杂鱼及敌害生物进入。幼蟹入池前 7～10 天，施经发酵的鸡粪等有机肥 200～400 千克/亩。

（3）水草移栽

在养殖池四周设置 1.5 米宽水花生带，池内保持一定量的水浮萍，池底移植轮叶黑藻、苦草等，水草覆盖面积达 50%以上。水草过盛时应割除，过稀时应补充。

（4）幼蟹放养

选取体质健壮，体表青灰色，无残肢，反应敏捷的幼蟹。规格为 1 500～2 000 只/千克，放养密度 8～10 千克/亩。

（5）幼蟹饲养管理

投喂幼蟹配合饲料，投饲量为幼蟹体重的 5%～8%，傍晚整池均匀投喂。饵料投喂坚持“四定”“四看”原则，即定时、定点、定质、定量，看季节、看天气、看水质、看摄食。

保持蟹塘池水透明度 0.4～0.5 米，当透明度低于 0.4 米时，排出 1/3 底层水，注入新水。

（6）蟹种起捕

捕捞方法主要有注水捕捞、地笼捕捞、灯光诱捕、干塘捕捞、草堆起捕等，可将上述方法结合使用，效果更佳。

三、健康养殖技术

（一）健康养殖技术和配套技术

1. 池塘条件

靠近水源，水量充沛，水质清新，无污染，进排水方便，交通便利的土池为好。独立塘口或在大塘中隔建均可，养蟹池塘埂四周可用黑膜覆盖，黑膜上面加盖绿色聚乙烯网，可有效防止塘边杂草生长。以东西向长，南北向短的长方形为宜。面积 10~15 亩，水深 1~1.5 米。底泥为黏土最好，黏壤土次之，底部淤泥层不超过 0.1 米。

2. 放养前的准备

（1）清塘消毒

11 月底至 12 月初，塘内河蟹捕捞完后，排干池水，晒塘。塘底每亩施经发酵处理的鸡粪等有机肥 200~250 千克，为河蟹、青虾提供优质天然饵料，并促进水草生长。放养前两周，采用生石灰消毒，用量为 100 千克/亩。

（2）水草移栽

清塘药物药性消失后栽种水草，主要种植伊乐藻、轮叶黑藻、苦草等，使全池水草覆盖率达 40%~50%。

（3）加注新水

放养前 1 周，加注经过滤的新水至 0.6 米。

3. 蟹种放养

蟹种规格整齐，大小 100~180 只/千克为好，体质健壮，爬行敏捷，附肢齐全，指节无损伤，无寄生虫附着。放养密度 1 000~1 400 只/亩为宜。蟹种经 0.1%~0.2%高锰酸钾溶液浸洗 3~5 分钟后放养。3 月底放养结束为宜，采用一次放足，三级放养。

4. 饲养管理

前期投喂蛋白含量 38%~40%的颗粒饲料搭配小杂鱼，中期投喂蛋白含量 32%左右的颗粒饲料搭配小杂鱼，后期育肥投喂蛋白含量 35%左右的颗粒饲料适当搭配少量玉米、黄豆、小杂鱼；小杂鱼投喂前用生物制剂浸洗，玉米和黄豆煮熟后投喂，投喂时间一般在下午 16：00 左右，全池泼洒，投喂量以当天吃完为度。

5. 水质调控

5月上旬前保持水位0.6米，7月上旬前保持水位0.8~1米，7月上旬后保持水位1.2米。6—9月，每5~10天换水一次；春季、秋季每隔两周换水1次，每次换水水深0.2~0.3米，先排后灌。每两周施泼一次生石灰，生石灰用量为10~15毫克/升。透明度0.4~0.5米，溶解氧在5毫克/升以上。

6. 底质调控

适量投饵，减少剩余残饵沉底；定期使用底质改良剂（如泼洒拜生源、诺碧清）。

7. 日常管理

结合早晚投饵察看蜕壳生长，病害、敌害情况，检查水源是否污染。检查防逃设施，及时修补裂缝。

8. 捕捞和暂养

（1）捕捞

9月下旬至11月下旬，地笼捕捞为主，干塘捕捉为辅。

（2）暂养

在水质清晰的大塘中设置上有盖网的防逃设施网箱，捕捉的成蟹应分级分规格，在不同暂养分区暂养，根据暂养时间长短合理投喂。一般暂养区的河蟹经2小时以上的网箱暂养，经吐泥滤脏后才能销售。暂养区用潜水泵抽水循环，加速水的流动，增加溶氧。

（二）主要病害防治方法

1. 肠炎病

由嗜水气单胞菌感染引起，发病时河蟹摄食量明显减少，行动迟缓，体表发白，肠胃发炎，轻压肛门有黄色黏液流出。

防治方法：

① 1龄蟹种越冬时，加强幼蟹饲料营养。

② 养殖过程中保持水质良好和稳定。

③ 全池泼洒二氧化氯150克/亩，隔日1次，连用2次。

④ 10%聚维酮碘溶液，每立方水用0.5毫升，全池泼洒，每天1次，连用3天。

2. 水肿病

由假单胞菌感染引起，发病蟹腹脐及鳃丝水肿，背壳下方肿大呈透明状，病蟹匍匐池塘边，活动迟缓，拒食，最终在浅水区陆续死亡。

防治方法：

① 养殖过程中，尤其是河蟹蜕壳时，尽量减少对它们的惊扰，以免受伤。

② 夏季经常添加新水，多投鲜活饲料，并保持一定的水草覆盖率。

③ 全池泼洒戊二醛、苯扎溴铵溶液100克/亩，视病情可隔日再用一次。

④ 10%氟苯尼考粉，每千克蟹用0.2克，拌饲料投喂，每天2次，连用5~7天。

3. 黑鳃病

由池塘富营养化及有机质过高导致病菌感染引起。发病蟹鳃丝呈暗灰色或黑色，呼吸困难。

防治方法：

① 保持池塘底泥适宜，一般在0.1米内，过多应清除。

② 保持池水清新，夏季经常加注新水。

③ 24%溴氯海因100克/亩，隔日1次，连用2次。

4. 肝坏死病

由嗜水气单胞菌、爱德华氏菌、弧菌侵袭及饲料霉变和底质污染并发引起。发病蟹肝脏呈灰白色，有的呈黄绿色，鳃部腐烂，伴有烂鳃症状。

防治方法：

① 注意饲料的质量，定期调控水质，清除污染物。

② 全池泼洒聚维酮碘溶液250～300毫升/亩。

5. 弧菌病

由弧菌引起，发病蟹体色混浊，行动迟缓，反应迟钝，腹部和附肢腐烂，大多沉于水底死亡。在高温期间发病死亡率较高，主要危害幼蟹。

防治方法：

① 清塘，降低养殖密度，操作小心，减少蟹体损伤。

② 及时更换新水，保持池水清新，防止有机质增加引起亚硝态氮和氨氮浓度升高。

③ 土霉素2毫克/升全池泼洒，每天1次，连用3天；同时，将土霉素拌入饲料中投喂，每千克蟹体重用0.1克，连续喂7天为1个疗程。

四、育种和种苗供应单位

（一）育种单位

1. 中国水产科学研究院淡水渔业研究中心

地址和邮编：江苏省无锡市山水东路9号，214081

联系人：徐跑

电话：0510-85557959

2. 江苏诺亚方舟农业科技有限公司

地址和邮编：江苏省常州市钟楼区邹区镇琵琶墩村，213147

联系人：庄红根

电话：13606119793，13584844277

3. 常州市武进区水产技术推广站

地址和邮编：江苏省常州市武进区湖塘镇府西路2号，213162

（二）种苗供应单位

江苏诺亚方舟农业科技有限公司
地址和邮编：江苏省常州市钟楼区邹区镇琵琶墩村，213147
联系人：庄红根
电话：13606119793，13584844277

（三）编写人员名单

徐跑，董在杰，庄红根，朱文彬，郭风英

海湾扇贝“海益丰 12”

一、品种概况

（一）培育背景

海湾扇贝（*Argopecten irradias*）隶属于软体动物门（Mollusca），瓣鳃纲（Lamellibranchia），翼形亚纲（Pterimorphia），珍珠贝目（Pterioodae），扇贝科（Pectinidae）。海湾扇贝属于暖水性贝类，原产于美国东海岸。1982 年由张福绥引进中国并开展人工养殖，已成为我国扇贝养殖的三大品种之一，主要集中于山东、河北、辽宁等省。常年可收获，以春季质量较好，2014 年产量约 76 万吨。海湾扇贝闭壳肌肥大，味道鲜美，营养价值高，经济效益好，深受广大消费者和养殖单位欢迎。

海湾扇贝自引进以来，虽曾多次进行继续引种，但由于缺乏长期发展规划和系统管理，近年来养殖疾病频发，给我国海湾扇贝育苗和养殖业带来严重损失。分析其原因，主要是海湾扇贝的良种培育工作远远滞后于养殖业的发展，种业已成为制约海湾扇贝养殖业可持续发展的瓶颈。种业是推动养殖业发展最活跃、最重要的引领性要素，是农业领域科技创新的前沿和主战场。优良品种是养殖业健康持续发展的关键因素之一，培育优质、高产、抗病的水产养殖品种，始终是水产遗传育种和生物技术研究的热点，也是国际上海洋生物种业高科技领域争夺的焦点。因此，培育优质高产抗逆的新品种，是海湾扇贝养殖业迫切需要解决的问题。

（二）育种过程

1. 亲本来源

2011年收集海湾扇贝2个烟台莱州养殖群体（以黑褐色壳色为主）和3个青岛胶南养殖群体（以红壳色为主）共1万余枚成贝，以壳高为主要育种性状筛选黑褐壳色和红壳色各500枚海湾扇贝个体构成育种基础群体。

2. 技术路线

2012年，以壳高性状为选育主要目标，通过群体选育获得选育第一代（G_1）群体，统计8月龄G_1代生长性状，相对于普通对照组海湾扇贝，G_1代壳高提高21.85%，存活率提高12.41%。2013—2016年，以壳高和壳色黑褐色为目标性状开展选育，首先以壳高与壳色黑褐色性状为标准挑选亲贝，入选率3%，进一步利用贝类全基因组选择育种评估系统，计算个体的遗传学参数，估计个体壳高性状的全基因组育种值，每代以全基因组育种值排序前10%且其近交系数低于0.125为标准留种亲贝，入选率10%，开展连续4代（G_2，G_3，G_4，G_5）的群体最佳效应全基因组选育。经连续4代选育，育成黑褐壳色的高产、抗逆扇贝新品种——“海益丰12”。技术路线如表1所示。

表1　选育的技术路线

选育代数	年度	选育方式	入选率	每代遗传进展
G_1	2012	群体选育	1%，1 000亲本	壳高较对照组增长21.85%，存活率较对照组增长12.41%
G_2	2013	群体最佳效应全基因组选择	Ps 3%，Gs 10%，300亲本	壳高较对照组增长24.52%，存活率较对照组增长12.55%，黑褐色壳色个体比例92%

续表

选育代数	年度	选育方式	入选率	每代遗传进展
G_3	2014	群体最佳效应全基因组选择	Ps 3%，Gs 10%，300 亲本	壳高较对照组增长 25.66%，存活率较对照组增长 13.50%，黑褐色壳色个体比例 95%
G_4	2015	群体最佳效应全基因组选择	Ps 3%，Gs 10%，300 亲本	壳高较对照组增长 30.05%，存活率较对照组增长 14.17%，黑褐色壳色个体比例 100%
G_5	2016	群体最佳效应全基因组选择	Ps 3%，Gs 10%，300 亲本	壳高较对照组增长 31.48%，存活率较对照组增长 13.22%，黑褐色壳色个体比例 100%

注：对照组为生产上普通养殖用种，Ps 为表型选择入选率，Gs 为全基因组选择入选率。

3. 选育过程

2012 年，以 500 枚莱州黑褐壳色海湾扇贝和 500 枚胶南红壳色海湾扇贝为亲本进行繁育。以产量性状（壳高）为主，以黑褐壳色为群体标识性状对繁育后代进行群体选育，产生 G_1 群体。至当年 11 月达到商品贝规格，G_1 群体平均壳高 66.01 毫米，与对照组相比，壳高增长 21.85%，存活率提高 12.41%。

2013—2016 年，以壳高和壳色黑褐色为目标性状开展全基因组选育，首先以壳高为标准挑选亲贝，入选率 3/100，进一步利用贝类全基因组选择育种评估系统，计算个体的遗传学参数，估计个体壳高性状的全基因组育种值，每代以全基因组育种值排序前 10%且其近交系数低于 0.125 为标准留种亲贝，入选率 1/10，开展连续 4 代（G_2、G_3、G_4、G_5）的全基因组选育。

2013—2016 年，利用以壳高、壳色及全基因组育种值为标准获得的 300 枚海湾扇贝亲贝进行繁育，获得选育群体第 2 代（G_2）、第 3 代（G_3）、第 4 代（G_4）和第 5 代（G_5）。

2013 年 11 月（8 月龄），随机选取选育群体与对照组各 100 个个体进行生长性状的测量，结果如表 2 所示。与对照组相比，海湾扇贝选育群体 G_2 代平均壳高 70. 21 毫米，较对照组增长 24. 52%；平均体重 48. 15 克，较对照组增长 39. 48%，平均鲜柱重 3. 67 克，较对照组增长 30. 42%，黑褐色壳色比例达到 92%（表 2）。

表 2　8 月龄选育群体 G_2 代与对照组生长性状统计分析

性状比较	壳高（毫米）	壳长（毫米）	壳宽（毫米）	体重（克）	鲜柱重（克）	存活率（%）
G_2 平均值	70. 21±4. 20	71. 80±5. 30	28. 45±1. 25	48. 15±5. 21	3. 67±0. 19	77. 39
对照组平均值	56. 38±7. 24	59. 33±7. 20	26. 56±1. 37	34. 52±4. 32	2. 81±0. 26	64. 84
增长率（%）	24. 52	21. 02	7. 09	39. 48	30. 42	12. 55

2014 年 11 月（8 月龄），对选育 G_3 代 8 月龄扇贝生长性状进行统计分析，结果如表 3 所示。与对照组相比，壳高平均值达到 70. 72 毫米，较对照组增长 25. 66%；平均体重 47. 28 克，较对照组增长 41. 26%；平均鲜柱重 3. 62 克，较对照组增长 26. 32%，黑褐色壳色比例达到 95%。

表 3　8 月龄选育群体 G_3 代与对照组生长性状统计分析

性状比较	壳高（毫米）	壳长（毫米）	壳宽（毫米）	体重（克）	鲜柱重（克）	存活率（%）
G_3 平均值	70. 72±3. 81	71. 80±4. 22	28. 50±1. 32	47. 28±4. 76	3. 62±0. 16	80. 39
对照组平均值	56. 28±6. 43	58. 92±8. 10	26. 43±1. 36	33. 47±3. 74	2. 87±0. 22	66. 89
增长率（%）	25. 66	20. 63	7. 83	41. 26	26. 32	13. 50

2015 年 11 月，对选育 G_4 代 8 月龄扇贝生长性状进行统计分析，结果如表 4 所示。与对照组相比，壳高平均值达到 69. 15 毫米，较对照组增长 30. 05%；平均体重 46. 23 克，较对照组增长 41. 72%；平均毫米鲜柱重 3. 82 克，较对照组增长 33. 74%；黑褐色壳色比例达到 100%。

2016年，同样利用全基因组选育策略进行第5代（G_5）选育，2016年10月邀请有关专家到烟台海益苗业有限公司对海湾扇贝“海益丰12”苗种生长情况进行现场验收，7月龄“海益丰12”新品种平均壳高59.43毫米，鲜柱重3.46克；比对照组普通海湾扇贝壳高增长31.48%，鲜肉柱增长34.63%，增长选择效果明显，黑褐色壳色性状比例达到100%（表5）。

表4　8月龄选育群体G_4代与对照组生长性状统计分析

性状比较	壳高（毫米）	壳长（毫米）	壳宽（毫米）	体重（克）	鲜柱重（克）	存活率（%）
G_4平均值	69.15±3.22	70.33±4.52	28.56±0.89	46.23±4.34	3.82±0.16	81.32
对照组平均值	53.17±8.21	55.82±7.14	25.89±1.35	32.62±5.42	2.86±0.21	67.15
增长率（%）	30.05	25.99	10.31	41.72	33.74	14.17

表5　7月龄选育群体G_5代与对照组生长性状统计分析

性状比较	壳高（毫米）	壳长（毫米）	壳宽（毫米）	体重（克）	鲜柱重（克）	存活率（%）
G_5平均值	59.43±2.10	59.60±1.80	24.24±1.13	30.83±3.00	3.46±0.17	79.83
对照组平均值	45.20±2.30	47.00±2.60	20.86±2.03	22.15±2.00	2.57±0.22	66.61
增长率（%）	31.48	26.81	16.23	39.19	34.63	13.22

（三）品种特性和中试情况

1. 品种特性

“海益丰12”海湾扇贝生长速度快，出柱率高，抗逆性强，个体间差异小，壳色为黑褐色，性状遗传稳定。

2. 中试情况

“海益丰12”海湾扇贝自2012年开始进行群体选育和全基因组选择以来，

课题组每年进行海湾扇贝“海益丰 12”的规模化繁育，并开展海上浮筏养殖。经过连续 5 代繁育，至 2016 年繁育苗种黑褐色壳色比率达 100%。于 2014—2016 年度在烟台蓬莱、烟台长岛、大连长海县周边海域进行海上中间育成及海区养成实验，浮筏养殖面积共计 11 000 余亩，与养殖的普通海湾扇贝相比，“海益丰 12”浮筏贝壳高提高 13.91%，鲜重提高 15.29%。

于 2014—2016 年度，开展连续 3 年中间试验。

① 2014 年度使用 600 立方米水体开展“海益丰 12”繁育。2014 年 5 月共获得 0.3 厘米的苗种 4.8 亿枚，将苗种分别在烟台蓬莱、烟台长岛两个区域浮筏养殖，面积共 5 000 亩。苗种经过 6 个月的浮筏养殖，到 11 月达到商品贝规格，平均壳高 70.50 毫米，总量达 3.9 亿枚，苗种存活率达 80.39%，黑褐色壳色比例达到 95%。

表 6　2014 年度“海益丰 12”与普通海湾扇贝养殖情况对比（8 月龄）

项目	繁育水体（立方米）	二级苗（亿枚）	浮筏养殖（亩）	黑褐壳个体比率（%）	增产率（%）	度夏期育成率（%）	8 月龄壳高（厘米）	
							烟台蓬莱	烟台长岛
海益丰 12	600	4.8	5 000	95	41.26	80.39	7.11±0.32	7.02±0.36
对照组	—	—	—	1	—	66.75	6.34±0.15	6.19±0.21

注：在大规模筛查中，普通养殖群体呈黑褐色壳色个体比率小于百分之一。

从表 6 可以看出，在烟台蓬莱、烟台长岛两地浮筏养殖的“海益丰 12”8 月龄壳高、存活率均高于普通海湾扇贝，壳高较普通扇贝平均提高 12.78%，存活率平均提高 13.64%。

② 2015 年度，使用“海益丰 12”进行群体繁育。2015 年 5 月共获得 0.3 厘米的苗种 12 亿枚，分别在烟台蓬莱、大连长海县两个区域养殖，浮筏养殖面积共 6 000 亩。苗种经过 6 个月的浮筏养殖，到 11 月达到商品贝规格，平均壳高达 71.25 毫米，总量达 9.7 亿枚，苗种存活率达 81.32%，黑褐色壳色

比例达到100%。

表7　2015年度“海益丰12”与普通海湾扇贝养殖情况对比（8月龄）

项目	繁育水体（立方米）	二级苗（亿枚）	浮筏养殖（亩）	黑褐壳个体比率（%）	增产率（%）	度夏期育成率（%）	8月龄壳高（厘米）	
							烟台蓬莱	大连长海县
海益丰12	1 500	12	6 000	100	41.72	81.32	7.15±0.27	7.12±0.27
对照组	—	—	—	1.25	—	65.12	6.20±0.24	6.32±0.28

注：在大规模筛查中，普通养殖群体呈黑褐色壳色个体比率小于百分之一。

从表7可以看出，在烟台蓬莱、大连长海县浮筏养殖的“海益丰12”8月龄壳高、存活率均高于普通海湾扇贝，壳高较普通扇贝平均提高14.00%，存活率平均提高16.20%。

③ 2016年度，使用“海益丰12”进行群体繁育。2016年5月共获得0.3厘米的苗种24亿枚，分别在烟台蓬莱、大连长海县两个区域养殖，浮筏养殖面积共6 000亩。苗种经过5个月的浮筏养殖，到10月达到商品贝规格，平均壳高达60.43毫米，总量达10.3亿枚，苗种存活率达79.83%，黑褐色壳色比例达到100%。

表8　2016年度“海益丰12”与普通海湾扇贝养殖情况对比（7月龄）

项目	繁育水体（立方米）	二级苗（亿枚）	浮筏养殖（亩）	黑褐壳个体比率（%）	增产率（%）	度夏期育成率（%）	7月龄壳高（厘米）	
							烟台蓬莱	大连长海县
海益丰12	3 000	24	10 000	100	39.19	79.83	5.94±0.21	6.13±0.24
对照组	—	—	—	1.21	—	66.61	4.52±0.22	4.83±0.25

注：在大规模筛查中，普通养殖群体呈黑褐色壳色个体比率小于百分之一。

从表8可以看出，在烟台蓬莱、大连长海县浮筏养殖的“海益丰12”7月龄壳高、存活率均高于普通海湾扇贝，壳高较普通扇贝平均提高29.03%，存活率平均提高13.22%。

2014—2016年，经连续3年苗种繁育、浮筏养殖分析对比，中间试验结果显示，海湾扇贝“海益丰12”在浮筏养殖过程中表现出较高的生长、存活优势，其作为新品种在产业中推广将极大地增加产业的产量和利润。

二、人工繁殖技术

（一）亲本选择与培育

1. 亲贝来源

亲贝可从烟台海益苗业有限公司索取（限非商业用途）或购买，繁殖亲贝1龄，壳高70毫米以上。

2. 运输条件

短途运输：洗净亲贝，装入编织袋，扎紧袋口，装车后铺盖塑料布或篷布，保持湿润，防止太阳直射。

长途运输：泡沫塑料保湿箱加冰包装，胶带纸封箱。

3. 培育池条件

水泥池或玻璃钢水槽，10~30立方米，水深1.1~1.5米。

4. 培育密度

100~120个/米^3，采用多层网笼为培育容器。

5. 促熟管理

（1）亲贝入池处理

亲贝入池前，清除贝壳上的附着生物和浮泥，按育苗水体每立方米100~150枚准备。

（2）投饵

投喂硅藻、金藻或扁藻等单胞藻或螺旋藻粉、蛋黄等代用饵料。单胞藻投喂量为每天（6~8）$\times10^4$细胞/毫升，饵料投喂量随着种贝促熟时间的延长而增加，最终投喂量为20×10^4细胞/毫升，饵料每天分6~12次投喂，严禁投喂含激素或激素类物质的饵料。在亲贝培育中后期，应根据双亲的发育进度适当调节投喂量以达到父母本同步成熟。

（3）换水

早期和中期每天倒池换水早晚各两次，换水量100%；晚期性腺发育成熟，减少换水次数或不换水，避免因换水刺激导致种贝产卵，有效积温持续累积。

（4）升温

亲贝入池后，在接近亲贝生境水温中稳定2~3天，而后每天升高0.1~0.5℃至18℃，稳定在此温度下进行培养。

（5）充气和有效积温

连续微量充气，稳定培养阶段有效积温持续累积。

（二）人工繁殖

1. 亲本数量

为保持扇贝的遗传多样性水平，规模杂交生产过程中参与繁殖受精的亲本数量应保证在500只以上。

2. 亲贝处理

产卵当日，以阴干、流水、升温刺激方法，刺激海湾扇贝亲本进行产卵。产卵时育苗池水温为22~24℃，盐度25~31，光照500勒克斯以下。

3. 受精

精子和卵子在海水中自行受精。

4. 孵化与选优

杂交胚胎经24小时左右的发育，长出面盘达面盘幼虫初期（D形幼虫），即可以摄食开始营异养生活。孵化期间水温为22℃左右，孵化密度为100个/毫升以内，孵化至D形幼虫后，选择上浮幼虫，按10个/毫升左右分池培养。

5. 日常管理

（1）投饵

受精卵孵化至D形幼虫期，即可投喂硅藻、金藻或扁藻等小型单胞藻。一般日投喂量 2×10^4 细胞/毫升；随着幼虫的生长，饵料投喂量应逐步增加，后期达到 8×10^4 细胞/毫升，分6~8次投喂。

（2）换水

每天换水2次，每次换水1/3~1/2。

（3）倒池

第一次倒池应在产卵后25~30小时进行，以后每3天倒池一次。

（4）吸底

每天早、晚各吸底一次。

（5）充气

用100号或120号散气石连续微量充气。

（6）采苗

眼点幼虫达到30%以上，应立即倒池并投放附着基。投放附着基后可以提高1~2℃水温。

采苗器的种类主要为聚乙烯网片，聚乙烯网片使用前，务必用0.5%~1.0%的氢氧化钠溶液浸泡清洗油污。棕绳需经反复浸泡、敲打、冲洗，清除碎屑、杂质以及可溶性有害物质。聚乙烯网片按40~60片/米^{3}投放。投放采苗器后适当加大换水量，减少充气量，检查附着变态情况，根据附苗数量调整投饵量。

（7）出池

将采苗器放入30~60目的30厘米×40厘米或50厘米×80厘米苗袋中，扎紧袋口。一般每袋装一片采苗器。

出池作业时，操作人员按捞取采苗器、分剪、装袋、绑袋等环节流水作业。操作要求稳、准、轻、快，防止出池苗的脱落和损伤。

（8）出池苗的运输

0.5小时以内的短途运输，车厢内铺设湿毡布将其包裹，装好后喷洒海水。超过0.5小时的长途运输，采用活水船充氧运输以保证苗种成活率。

（三）苗种培育

海湾扇贝“海益丰12”苗种中间培育，是苗种出库后在海区内进行中间育成的阶段，本阶段苗种规格由600微米生长至3厘米以上。

1. 场地选择

为水清流缓、无大风浪、饵料丰富的海区或利用养成扇贝的海区。

2. 水质

应符合NY 5052的规定。

3. 密度

（1）网袋法

每袋装300~500粒，每串挂10袋，一根60米的浮绠可挂100~120串。

（2）网笼法

每层放300~500粒。一个60米的浮绠可挂100笼。

4. 分苗

商品苗先吊养在海上适应和恢复3~5天，再分苗到18目或16目网袋继续暂养。经海上养殖，壳高达到10毫米以上时，进行分苗，移到网目为8~10毫米的暂养笼中养殖。

5. 应急处置

当毗连或养殖海区有赤潮或溢油等事件发生时，应及时采取有力措施，避免扇贝苗种受到污染。

三、健康养殖技术

（一）主要养殖模式

海湾扇贝“海益丰12”的养殖方式主要为浮筏养殖。

1. 环境条件

应符合表9的要求。

表9　浅海养殖环境条件

环境因子	要　求
水质	应符合NY 5052的规定
水深（米）	大潮期低潮时水深为5~25
流速（厘米/秒）	10~40
水温（℃）	5~25
盐度	25~33
透明度（米）	≥0.6

2. 浅海养殖设施

由浮绠、浮漂、固定橛、橛缆、养殖笼等部分组成。严禁使用有毒材料。

（1）养殖设施的设置

划分海区并确定位置，留出航道，行向与流向成垂直，行距10~20米，笼间距为 0.5~0.7 米，一根 60 米的浮绠可挂 80~100 笼。

（2）养殖水层

养殖笼最上层距水面 1~2 米。

（3）养殖密度

每公顷水面放养（7~10）$\times 10^6$粒（航道等空置水面积计算在内）；直径 30 厘米的养殖笼每层 25~35 粒。

3. 日常管理

（1）清除敌害生物和附着物

及时刷洗清除敌害生物，查清种苗暂养海区藤壶、牡蛎等的产卵和附着时间及其幼虫垂直分布和平面分布，尽量避开藤壶和牡蛎附着高峰期进行分袋倒笼等生产操作。

（2）调节养殖水层

附着物大量附着季节，应适当下降水层；大风浪来临前，应将整个筏架下沉，以减少损失。随着扇贝的生长，体重增加，应及时增补浮漂，防止筏架下沉，使浮漂保持在水面将沉而未沉状态。

4. 应急处置

当毗连或养殖海区有赤潮或溢油等事件发生时，应及时采取有力措施，避免扇贝受到污染。如果扇贝已经受到污染，应就地销毁，严禁上市。

（二）主要病害防治方法

贝类苗种特别是扇贝苗种由于在生物自然选择过程中获得的生物习性，需要大量产卵，以苗种数量而保证其种群延续，因此苗种卵子规格较小。海湾扇贝卵子直径为 50 微米左右，直径较小，肉眼几乎不可见，在幼虫培育阶段，极易受到温度变化，饵料生物以及水环境中的细菌、病毒病影响。为避免海湾扇贝“海益丰12”的养殖损失，其预防方法主要有：

①苗种繁育种贝选择阶段，选择活力强、健康且规格大的种贝进行繁殖；

②育苗阶段，对育苗环境、饵料培育环境做到彻底消毒，避免外源微生物细菌、病毒影响；

③海区中间育成阶段，选择海区环境较好，无外源污染的海区进行暂养，减少保苗过程中死亡率；

④苗种养成阶段，注意各养殖阶段操作时机，避免野蛮操作，减少机械损伤对扇贝存活的影响；

⑤污损生物防治，海湾扇贝养殖操作过程中，紫贻贝、牡蛎等作为污损生物，与扇贝构成养殖饵料食物争夺，要及时清理，避免其大量附着后，苗种因饵料不足而死亡；

⑥敌害生物防治，海湾扇贝浮筏养殖过程中，敌害生物多棘海盘车等对海湾扇贝苗种及成贝进行摄食，造成扇贝减产风险，可选择海区持续监控，进行定期清理，减少敌害生物种群数量，降低养殖风险。

四、育种和种苗供应单位

（一）育种单位

1. 中国海洋大学

地址和邮编：山东省青岛市市南区鱼山路5号，266100

联系人：包振民

电话：0532-82031802

邮箱：zmbao@ouc.edu.cn

2. 烟台海益苗业有限公司

地址和邮编：山东省蓬莱市刘家沟镇海头村海益苗业，265619

联系人：王有廷

电话：13705357477

邮箱：wangyout@ 126. com

（二）种苗供应单位

烟台海益苗业有限公司海湾扇贝良种场

联系人：王有廷

电话：13705357477

（三）编写人员名单

包振民，黄晓婷，邢强，王有廷

长牡蛎“海大2号”

一、品种概况

（一）品种特性

长牡蛎“海大2号”属软体动物门、双壳纲、珍珠目、牡蛎科、巨蛎属，学名为*Crassostreagigas*，俗称太平洋牡蛎。广泛分布于西北太平洋海区，在我国主要分布于长江以北，从辽宁到江苏等沿海省份。该品种是以2010年从山东沿海长牡蛎野生群体中筛选左壳色为金黄色的长牡蛎为基础群体，以金黄壳色和生长速度作为选育目标，采用家系选育和群体选育相结合的混合选育技术，经连续4代选育而成；相同的养殖环境下，与未经选育的长牡蛎相比，15月龄平均壳高、平均体重和出肉率分别提高39.7%、37.9%和25.0%以上，左右壳和外套膜均为金黄色。

（二）选育过程

1. 亲本来源

2010年，从山东沿海长牡蛎野生群体中筛选左壳色为金色的长牡蛎300只，作为长牡蛎“海大2号”选育的基础群体。

2. 选育目标

以左右壳均为金色作为外部特征，以壳高和体重等生长性状为主要选育指标。

3. 技术路线

长牡蛎“海大2号”选育的总体策略是对壳色和生长性状的顺序选择。首先利用家系选育方法对金壳色性状进行定向选育，然后采用群体选育方法对所纯化的壳金长牡蛎进行生长性状继代选育，最终形成有着美观的金色贝壳、生长性状优良的新品种（图1）。

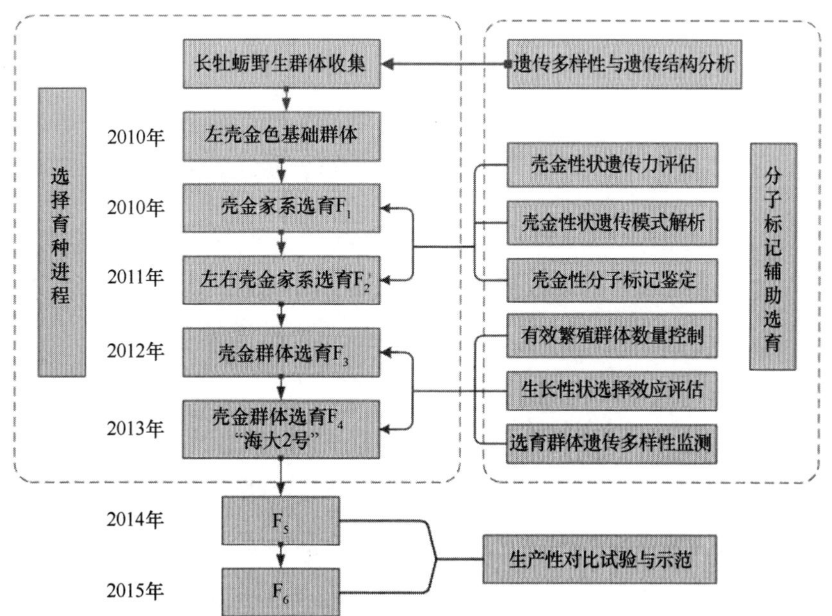

图1 长牡蛎“海大2号”的选育技术路线

4. 选育过程

自2010年开展壳金长牡蛎快速生长新品种的选育，主要采用家系选育和群体选育的混合选育技术，辅以分子标记辅助育种，经4代选育成功培育出左右壳均为金色、生长性状优良的长牡蛎优良品种。具体的选育过程如下：

（1）家系选育

2010年：建立基础群体，进行第1代壳金家系选育（F_1），从基础群体中，选择雌、雄各60个共120个个体作为繁殖亲贝，进行一对一授精交配，分别标记各选育家系，置于同一海区进行中间培育和养成。

2011年：进行第2代壳金家系选育（F_2），从建立的第1代壳金家系中，选取左右壳均为金色的长牡蛎进行家系内自交，对壳金性状进行进一步纯化、固定。

（2）群体选育

2012年：进行第3代壳金群体选育（F_3），依据壳高大小以10%的选择压力从第2代选育家系中选出100个左右壳均为金色的壳高最大的个体作为繁殖亲本，进行第3代壳金群体选育，选择强度1.617。

2013年：进行第4代壳金群体选育（F_4），以长牡蛎F_3壳金选育群体作为繁殖亲本，以10%的选择压力选出壳高最大的雌雄各50个个体作为亲贝，进行第4代壳金群体选育，选择强度为1.701。

2014年：通过2代家系选育和2代群体选育对壳金性状和生长性状的顺序选择，长牡蛎F_4壳金选育群体具有壳色金黄的鲜明外部特征和生长快速的优良生长特性，命名为长牡蛎“海大2号”新品种。

（3）2014—2016年

进行连续两年生产性养殖对比实验。

（4）2011—2013年

连续两年生产性养殖对比实验。

为评估长牡蛎“海大2号”的生产性状，2014—2016年在荣成市荣金牡蛎养殖专业合作社进行了连续两年生产性对比养殖试验。两年累计养殖长牡蛎“海大2号”500亩，取得了良好的生产性对比养殖效果。由于不同年份海区环境有所不同，长牡蛎“海大2号”新品种的壳高、总体重、软体部重等方面有差异，但新品种在生产性状方面都显著地优于同期同法养殖的长牡蛎商品苗种对照组。根据抽样测试，同对照组相比，成体长牡蛎“海大2号”的壳高、体重、软体部重和出肉率分别提高26.60%~38.67%，29.30%~36.34%，57.94%~69.45%和21.10%~24.43%，平均分别提高32.64%，32.82%，63.70%和22.77%；壳形规则，左右壳均为金黄色（表1）。

表1 长牡蛎“海大2号”连续2年的生产性对比养殖试验结果

年度	品种（系）	面积（亩）	壳高（毫米）	体重（克）	软体部重（克）	出肉率（%）	存活率（%）
2014—2015	“海大2号”	200	110.36±10.68	64.66±15.74	8.15±2.20	12.59±1.35	85.4
	普通对照	100	79.58±10.78	47.43±17.40	4.81±1.85	10.12±0.48	84.7
2015—2016	“海大2号”	300	57.62±6.41	14.80±4.57	1.99±0.63	13.43±0.47	89.2
	普通对照	100	45.51±5.47	11.45±1.84	1.26±0.22	11.09±1.68	85.1

（二）中试情况

2013—2016年，分别在山东威海、荣成、文登、乳山、蓬莱、辽宁长海和江苏连云港赣榆等长牡蛎主要产区进行了长牡蛎“海大2号”的中试养殖，中试期间累计生产“海大2号”苗种约20亿粒，养成4.8亿粒，共养殖面积3 500亩，平均亩产达6.2吨，新增产值3 500多万元，取得了良好的中试养殖效果，为当地的牡蛎养殖产业带来显著的经济效益（表2）。

表 2　2013—2016 年长牡蛎“海大 2 号”中试养殖情况

年份	地点	面积（亩）	养殖量（万粒）	产量（吨）	新增产量（吨）	新增产值（万元）	新增利税（万元）
2013	辽宁长海	100	1 500	667.9	120.2	108.2	81.5
	山东荣成桑沟湾	250	3 000	1 269.8	228.6	205.7	145.2
	山东威海刘公岛	100	1 500	680.2	122.4	110.2	82.6
	山东蓬莱	200	3 000	1 217.9	219.2	197.3	142.1
	山东乳山	200	3 000	1 387.7	249.8	224.8	168.4
	山东文登	50	750	299.4	53.9	48.5	34.0
2014	辽宁长海	100	1 500	690.7	124.3	111.9	84.2
	山东荣成俚岛	200	2 400	1 151.2	207.2	186.5	140.0
	山东荣成桑沟湾	250	3 000	1 285.2	231.3	208.2	145.7
	山东威海刘公岛	100	1 500	653.1	117.6	105.8	79.4
	山东蓬莱	200	3 000	1 311.1	236.0	212.4	148.7
	山东乳山	200	3 000	1 370.8	260.4	234.4	175.2
	山东文登	100	1 500	596.9	107.4	96.7	67.8
	江苏赣榆	100	1 200	545.6	109.1	98.2	73.6
2015	辽宁长海	100	1 500	724.1	130.3	117.3	88.0
	山东荣成俚岛	200	2 400	1 257.4	226.3	203.7	152.8
	山东荣成桑沟湾	300	3 600	1 640.7	295.3	265.8	159.5
	山东蓬莱	200	3 000	1 381.5	248.7	223.8	161.2
	山东乳山	200	3 000	1 535.8	276.4	248.8	186.4
	山东青岛黄岛	50	600	238.1	50.0	45.0	31.5
	江苏赣榆	100	1 200	581.7	116.3	104.7	78.5
2016	山东乳山	200	3 000	1 328.9	265.8	239.2	179.2
合计		3 500	48 150	21 815.6	3 996.8	3 597.1	2 605.5

二、人工繁殖技术

（一）亲本选择与培育

1. 亲本选择

长牡蛎“海大 2 号”亲贝保存在特定的良种保持基地，为经选育性状优良、遗传稳定、适合扩繁推广的群体。长牡蛎“海大 2 号”亲本应符合以下要求：壳形规则，左右壳和外套膜均为金黄色，次生壳明显，有厚重感；壳面完整、洁净，附着物少；贝壳开闭有力，生殖腺肥大、呈乳白色；规格：壳高≥80.0 毫米，湿重≥50 克。

2. 亲贝培育

（1）蓄养方式

亲贝经洗刷，除去污物和附着物后，在室内水泥池中采用网笼或浮动网箱蓄养（图 2）。蓄养密度视个体大小而定，一般 60~80 个/米^3；入池时间：4 月末至 5 月初，水温 12~15℃。

（2）亲贝管理

在暂养过程中每天换水 2~3 次，每次 1/3~1/2 以上量程，并及时清除池底粪便。隔天倒池清洗一次，临近采卵前不倒池。亲贝暂养期间可投喂硅藻、金藻或扁藻等饵料，也可投喂淀粉、螺旋藻粉、酵母等人工代用饵料以促进性腺成熟，投饵量以硅藻、金藻计，每天 15 万~40 万细胞/毫升，分 4~8 次投喂。每隔 6~7 天解剖观察一次亲贝的性腺发育状况，以决定催产时间。

另外，采用人工升温海水提早进行亲贝室内暂养是促进牡蛎亲贝性腺成熟的有效方法。每天以 0.5~1℃水温升温，升至 15℃左右，再稳定 2~3 天，然后再以 0.5~1℃水温升至 22℃左右，稳定数日，等待产卵。升温促熟可从

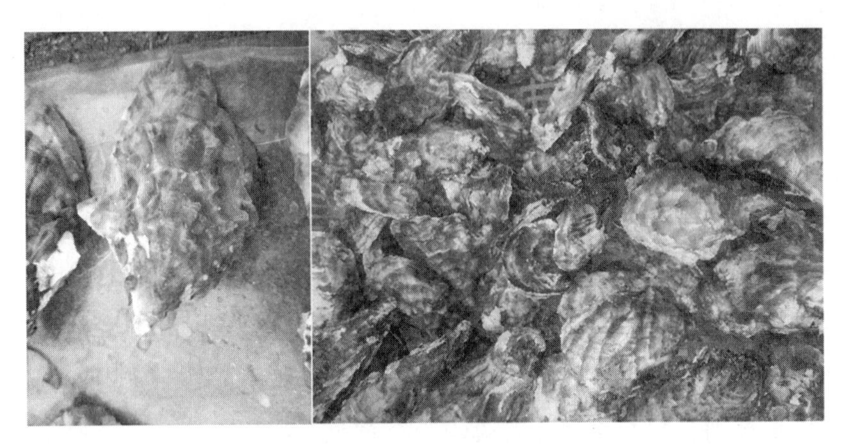

图 2　浮动网箱蓄养种贝

3—4 月开始，可以提前育肥、提前获卵。

（二）人工繁殖

1. 精、卵的获得

牡蛎的精、卵可以通过自然排放、诱导排放或解剖方法获得。

（1）自然排放

性腺充分发育成熟的亲贝，可以自行排放精卵。接近产卵期时，每天傍晚换水后注意观察亲贝有无排放，早上换水前取池底水样镜检有无卵子。经自然排放的精、卵质量好，受精率与孵化率较高。

（2）诱导排放

主要采用阴干、升温刺激等方法，诱导性腺发育成熟的亲贝集中大量排放精、卵。这些诱导方法单独使用或几种结合使用皆可。一般将亲贝阴干 4~6 小时，然后放入升温 3~5℃的海水中；也可在夜间将亲贝阴干 8~12 小时，然后用常温海水流水刺激诱导排放。采用上述方法，效应时间一般 1~5 小时。

（3）解剖法获取精卵

用解剖法获得的牡蛎精、卵也能正常受精。鉴别雌雄时，取少量性腺物质，涂于载玻片上的水滴中，呈颗粒状散开的为雌贝，呈烟雾状散开的为雄贝。采卵时，用解剖刀刮取卵巢盛放于容器中，搅碎，先用150目的筛绢网初滤，滤除大块组织及杂质，再用300目筛绢网过滤后，使之呈细胞悬液状，最后用500目的筛网冲洗过滤除出组织液。用同样的方法采集精子。最后进行人工授精获得发育的受精卵。

2. 受精与孵化

无论是催产或自然排放，发现排放后应尽量将雄贝立即捞出单独排精，以避免精液过多。但长牡蛎一旦性腺成熟，排放精、卵集中，在很短时间内可把水变混浊，此时应将亲贝全部取出，放入另一池中排放。在实际生产中往往很难将雄贝及时捞出，就已造成精液过多。在正常情况下，精液浓度以每个卵子周围有3~5个精子为宜。精液过多时可用沉淀法洗卵3~4次，至水清无黏液为止。

受精卵孵化密度为50~80个/毫升，为防止受精卵沉积影响胚体发育，可每隔20分钟用耙轻搅池水一次，也可采用微弱充气。一般在水温22℃左右时，长牡蛎的受精卵经22小时左右发育为D形幼虫，此时即可选优，并进行分池培育。

3. 选优

发育至D形幼虫时，采用拖网和虹吸法，用300目筛绢制成的筛网将浮游于池水表面活力好的D形幼虫，移入刚注入新鲜过滤海水的培育池中。为防止杂质随幼虫进入新池中，应用稍大网目（100目）的筛绢做成网箱，将幼虫倒入网箱中，让幼虫疏散到池水中，而杂质留在网箱里。

（三）苗种培育

1. 幼虫培育

苗种培育指从D形幼虫开始到幼虫附着变态为稚贝这一阶段。幼虫培育期间管理如下：

（1）幼虫密度

D形幼虫分池后在一般育苗池中培育密度一般以8~12个/毫升为宜，在整个幼虫培育过程中应根据大小适当稀疏调整幼虫培育密度。

（2）饵料投喂

对牡蛎幼虫适宜的饵料主要有叉鞭金藻、角毛藻、等鞭金藻、扁藻等。D形幼虫选育后即应开始投饵。幼虫培育前期，金藻效果较好；扁藻是壳顶幼虫以后的良好饵料，幼虫壳长达130~150微米以上时，就能大量摄食扁藻，生长速度也加快。叉鞭金藻饵料效果好，与扁藻混合投喂效果更佳。投饵量应根据幼虫的摄食情况及不同发育阶段进行调整，适当增减，表3可供参照。一般日投饵量2~3次，在换水后投喂。

表3　长牡蛎人工育苗的日投饵量

发育阶段	幼虫壳长（微米）	日投饵量（万细胞/毫升）	
		叉鞭金藻	扁藻
D形幼虫	80~100	1.5~2	—
壳顶初期	100~150	1.5~2	0.2~0.3
壳顶中期	150~200	2~2.5	0.4~0.6
壳顶后期	200~300	3~3.5	1~1.5
附着稚贝	300以上	3.5~4.5	1~2

（3）换水

刚选育的D形幼虫个体较小，80微米左右，可使用300目的筛绢做成的滤鼓或网箱换水，每天早晚换水两次，每次换水量1/3~1/2（图3），随着幼虫的生长发育，不断增加换水量。

图3　网箱换水方式

（4）倒池与清底

在幼虫培育过程中还可采用倒池的方法，以保证水质清新。一般每隔3~4天倒池1次，将幼虫的粪便和其他有机碎屑彻底清除。

（5）充气与搅动

在培育过程中均可连续微量充气。每平方米放置1个气石，每分钟的充气量达到总水体的1%~1.5%。充气可以增加水体中的氧气，使幼虫和饵料分布均匀，有利于代谢物质的氧化。

（6）选优

牡蛎幼虫培育过程中，幼虫发育速度差别很大。可以通过一定网目的网具，将大小整齐、游动活跃的优质幼虫筛选出来进行培育。牡蛎幼虫有上浮习性，故可用拖网将中、上层的幼虫选入另池培育。也可采用虹吸法，用较大网目的筛绢筛选个体较大的幼虫进行选优培育。

（7）抗生素的利用

必要时，为防止有害微生物的繁生，可以利用（1~2）$\times10^{-6}$的土霉素、氟苯尼考抑菌，以提高幼虫的成活率。一般情况下，要优化育苗水体，创造有利于有益微生物繁殖和幼虫发育生长的条件。

（8）日常观测

在幼虫培育过程中，应每天测量幼虫的生长发育情况，一般壳顶幼虫阶段壳长每天平均增长 8~15 微米为正常。若增长过慢应及时查找原因（如投饵不足、水温过低、水质败坏等）；若增长过快可能是投喂金藻饵料量过多等。另外，每天早晚应观察池中幼虫上浮活动情况，镜检摄食状况以及池底有无下沉、死亡个体等。每天定时测量水温，分析溶解氧、pH 值、氨氮、生物耗氧量等水质指标，以便发现问题，及早处理。

2. 采苗

（1）采苗器制作

室内人工育苗时的采苗器多采用牡蛎壳、扇贝壳等做成的贝壳串采苗器，垂挂在池内进行采苗。用聚乙烯线将壳高 8 厘米以上的牡蛎壳片或 6~8 厘米的扇贝壳片串成串，每串 100 片（图 4）。采苗器必须处理干净，贝壳要严格除去其上的闭壳肌及附着物，反复冲洗。投放之前，用 0.05%~0.1%的氢氧化钠溶液或 0.2%的漂白粉溶液浸泡 24 小时，再用砂滤海水冲洗干净。每立方米水体投放 3 000~6 000 片采苗器。

（2）采苗时间

投放采苗器的时间应在幼虫即将变态之前，水温 20~23℃条件下，长牡蛎的幼虫培育 20 天左右、壳长达 330~350 微米时，有 50%幼虫出现眼点，即可投放采苗器。或者筛选牡蛎眼点幼虫，移入另外池中，再投放采苗器进行

图4 扇贝壳采苗器垂挂池中

采苗。

（3）采苗密度

以 2~3 个/厘米^{2}稚贝为宜。以贝壳为采苗器时，一般每壳附苗 15~20 个即可（图 5）。为防止附苗密度过大，可将密度较大的幼虫分为多池采苗，或者多次采苗，即将采苗器分批投入并及时出池。

3. 异地采苗

异地采苗即将牡蛎幼虫运往他地进行采苗的方法。眼点幼虫的运输方法如下：将眼点幼虫过滤出来，用筛绢包裹，外放吸水纸保持一定的湿度，置于泡沫塑料箱中，利用双层塑料袋在箱内分置高盐度低温水（水温-4℃左右）或冰块，再进行干法运输。也可利用保温箱，使幼虫在低温、高湿度状况下干法运输。只要容器内保持一定的湿度和 4~8℃低温，一般 12 小时左右的运输，可达 100%的成活率。

异地采苗可以充分利用某些单位对虾育苗池或贝类育苗池条件，就地采

图5　长牡蛎“海大2号”新品种扇贝壳附苗情况

苗不仅减少了亲贝蓄养、幼虫培育过程，而且减少了采苗器的长途运输，提高异地育苗池的利用率，能够充分发挥生产单位的潜力，优势互补。此外，眼点幼虫的运输简便易行，且成本低廉，是一项很有推广前途的苗种生产方法。

4. 稚贝培育

幼虫附着变态后即成为稚贝。这期间可加大换水量及充气量，日投喂单胞藻饵料密度为（1~2）$\times 10^5$个/毫升（以叉鞭金藻为例）。稚贝附着后5~7天，壳长生长到500~800微米时就可以出池了。具体出池时间的确定，除根据天气预报外，还应考虑避开藤壶、贻贝等附着生物的附着高峰期。稚贝出池后挂海区筏架上暂养，此时稚贝生长速度很快，在海区水温25℃左右条件下，出池后1个月的稚贝，平均壳长可达24~30毫米。因此，适时出池对加快稚贝生长，早日分散养成是有利的。

5. 升温人工育苗

牡蛎的升温人工育苗生产的苗种，可以充分利用适温期，助苗快长，从而可以缩短养殖周期。升温人工育苗有关获卵的方法、受精孵化、选幼、幼虫培育以及采苗等方法基本上与常温人工育苗相同。其不同点在于亲贝需提前升温促熟，幼虫培育过程中，也需要加温，使幼虫处于最适宜的温度条件下发育生长。

在升温人工育苗中，采用人工升温海水提早进行亲贝室内暂养，以促进牡蛎亲贝性腺成熟。每天以0.5~1℃水温升温，升至15℃左右，再稳定数天，然后再以0.5~1℃水温升至22℃左右，稳定数日，等待采卵。以“海大2号”长牡蛎为例，升温促熟可从3—4月开始，可以提前育肥、提前获卵。在幼虫培育过程中，由于自然海区水温较低，还必须进行加温，“海大2号”长牡蛎幼虫培育的水温一般在23~26℃。

6. 单体牡蛎的人工培育

单体牡蛎即游离的、无固着基的牡蛎。牡蛎具有群聚的生活习性，常多个牡蛎固着在一起，由于生长空间的限制，壳形极不规则，大大地影响了美观。群聚还造成牡蛎在食物上的竞争，影响其生长速度。传统的养殖方法多采用笨重的固着基，让稚贝固着其上生长。固着基的搬运需耗费大量的劳动力，且由于牡蛎在固着基上固着得很牢固，给牡蛎的收获带来了不便。

单体牡蛎由于其游离性而不受生长空间的限制，因而壳形规则美观，大小均匀，易于放养和收获，海大2号新品种因壳色金色，非常适合单体牡蛎的养殖。使用网笼养殖以及海底播养，增加了养殖空间和饵料利用率，提高了单位养殖水体的产量。网笼养殖减少了蟹类、肉食性螺类等较大个体敌害的危害。单体牡蛎便于实验室的研究工作，易于观察和测量。

单体牡蛎的形成是在牡蛎幼虫出现眼点，即具有附着变态能力时，对其进行一系列的处理，使之成为单个的游离的牡蛎。一般多采用下列3种方法：

（1）肾上腺素（EPI）和去甲肾上腺素（NE）处理法

EPI和NE诱导牡蛎不固着变态的最适浓度为10^{-4}摩/升，即分别为18.3毫克/升和16.9毫克/升，诱导不固着变态率可分别达59.9%和58.0%。处理最适时间为3小时。EPI和NE的诱导效果差异不显著。药品处理对稚贝的生长无明显副作用。

（2）颗粒固着基采苗法

使用微小颗粒做固着基，让幼虫固着变态。变态后的稚贝生长速度较快。微小的颗粒固着基对于稚贝来说，就显得微不足道，起不了固着基的作用，故蛎苗还是单个游离的。用做颗粒固着基的有贝壳粉和石英砂，利用底质分样筛筛选出0.35~0.50毫米大小的颗粒，尤其以0.35毫米左右的颗粒产生的单体率最高。这个粒度大小与幼虫的自身壳长相当，是幼虫固着基的最小规格，颗粒小于0.25毫米时无幼虫固着，大于0.50毫米则幼虫固着苗量较多，但单体率下降。

（3）先固着后脱基法

牡蛎幼虫出现眼点后，向池中投放各种固着基让幼虫固着，待其长到一定大小时，再脱基而成单体。若选用那些质硬、面粗的贝壳、瓦片等作固着基，采苗效果虽好，但脱基困难，蛎苗易被剥碎。一般以质软的聚乙烯波纹板为采苗器，等蛎苗长至2~3厘米时，弯曲波纹板，蛎苗便可顺利脱落，不受任何机械损伤。

此外，也可利用高密度反应器采用上升流与下降流培育技术生产单体牡蛎（图6）。

图 6　上升流培育单体牡蛎苗

三、健康养殖技术

（一）适宜养殖的条件要求

“海大 2 号”长牡蛎属广温广盐性养殖种类，可在温度 0~32℃，盐度 10~37 的海区存活，适宜在我国江苏以北沿海养殖。

（二）主要养殖模式和配套技术

将牡蛎苗种培养成商品规格的过程，即为养成阶段。“海大 2 号”长牡蛎一般需要 2 年的养成期。我国沿海各地长牡蛎养成方法很多，根据养殖海区的不同可以分为筏式养殖和虾池混养。

1. 筏式养殖

浮筏式养殖是一种深水垂下式养殖方法，它是在潮下带设置浮动式筏架，将附有蛎苗的养殖绳垂挂在筏架上进行养成。这种方法不受海区底质限制，能充分利用水体。由于牡蛎不露空，昼夜滤水摄食，生长迅速，养殖周期短。

（1）养殖海区条件

浮筏养殖应选择风浪较小，干潮水深在4米以上的海区；水温周年变化稳定，冬季无冰冻，夏季不超过30℃；泥底、泥沙底或砂泥底均可，海区表层流速以0.3～0.5米/秒为宜，海区中浮游植物量一般不低于40 000细胞/升。此外，养殖海区应尽量避开贻贝、海鞘等大量繁殖附着的海区，不应有工业污染源。

（2）养殖筏

养殖筏是一种设置在海区并维持在一定水层的浮架。

①养殖筏的类型与结构

养殖筏基本上分为单式筏（又称大单架）和双式筏（又称大双架）两大类。有的地区又因地制宜改进为方框架、长方框架等。经过长期实践证明，单式筏比较好，抗风能力强，牢固，安全，特别适用于风浪较大的海区。单式筏是我国目前养殖的主要方式，其他各种类型的筏子很少有人使用。

单式筏是由1条浮绠、2条橛缆、2个橛子（或石砣）和若干个浮子组成，浮绠的长度就是筏身长，一般净长60米左右；橛缆和木橛是用来固定筏身的，橛缆的一头与浮绠相连，一头在木橛上。水深是指满潮时从海平面到海底的高度。从安全的角度考虑，橛缆的长度一般是水深的2倍。

②养殖筏的主要器材及其规格

浮绠和橛缆：现在各地都使用化学纤维绳索，如聚乙烯绳和聚丙烯绳。浮绠和橛缆直径大小可根据海区风浪大小而定。一般在风浪大的海区采用直径1.5~2厘米聚乙烯绳，风浪小的海区采用直径1～1.5厘米聚乙烯绳。

浮子：现在都使用塑料浮子。浮子呈圆球形，还设有2个耳孔，以备穿绳索绑在浮绠上。它比较坚固、耐用、自身重量小、浮力大，可承受12.5千克的浮力。与聚乙烯浮绠配合使用，大大提高了养殖生产的安全系数。

橛子或石砣：橛子有两种，一种是木橛，另外一种是竹橛。一般海区，木橛的长度应在100厘米左右，粗15厘米左右。木橛打入海底前就要将橛缆绳绑好，其绑法有两种：一种是带有橛眼的木橛，将橛缆穿入橛眼后并将橛缆固定在橛上；另一种是在橛身中下部横绑1根木棍，而用“五字扣”或其他绳扣将橛缆绑在木橛上，或者在橛身中部砍一道“沟槽”，将橛缆绑在“沟槽”处。

石砣是在不能打橛的海区，采取下石砣的办法来固定筏身。石砣的大小一般不能小于1 000千克。其高度为长度的1/5~1/3，使重心降低，增加固定力量。石砣的顶端安有铁棍制成的铁鼻，铁鼻的直径一般为12~15毫米。

③养殖筏的设置

海区布局：筏子设施不要过于集中，要留出足够的航道、区间距离和筏间距离，保证不阻流，有一定的流水条件。筏子的设置要根据海区的特点而定，一般30~40台筏子划为一个区，区与区间呈“田”字形排列，区间要留出足够的航道。区间距离以30~40米为宜，平养的筏距以8~10米为宜。

筏子设置的方向：筏子的设置方向关系到筏身的安全。在考虑筏向时，风和流都要考虑，但两者往往有一个为主。比如风是主要破坏因素，则可顺风下筏；流是主要破坏因素，则可顺流下筏；如果风和流的威胁都比较大，则应着重解决潮流的威胁，使筏子主要偏顺流方向设置。

打橛：打橛是一项比较艰苦的劳动，现在各地已试制成功了各种型号的打橛机。大大减轻了养殖工人的劳动强度。

下石砣：下石砣的工具很简单，只需两只养殖用的小船，几根下砣用的粗木杠及1条下砣大缆即可。

下筏：木橛打好或石砣下好后，就可以下浮筏。橛缆或下砣缆随着打橛或下石砣时，就要绑在橛或石砣上，并在其上段系1只浮漂。下筏时，先将数台或数十台筏子装于舢板上，将船划到养殖区内，顺着风流的方向开始将第一台筏子推入海中，然后将筏子浮绠的一端与系有浮漂的橛缆或砣缆用“双板别扣”或“对扣”接在一起，另一端与另一根橛缆或者砣缆，用相同的绳扣接起来。这样一行一行地将一个区下满后，再将松紧不齐的筏子整理好，使整行筏子的松紧一致，筏间距离一致。

（3）养成方式

①筏式吊绳养殖

养殖绳的长度可根据设置浮筏的海区深度而定，一般 2~4 米。一般选用直径 0. 6~0. 8 厘米的聚乙烯绳或直径 1. 2~1. 5 厘米的聚丙烯绳做夹苗绳。将附有 10~20 个稚贝的扇贝壳夹在苗绳中间，间距 20~30 厘米，牡蛎长到一定大小时互相挤插形成朵后，可较牢地固定在夹苗绳上（图 7）。养殖绳也可以采用 14 号半碳钢线或 8 号镀锌铁线，将采苗时的贝壳串采苗器拆开，重新把各个贝壳附苗器的间距扩大到 20 厘米，串在养成绳上。养殖绳制成后，即可垂挂在浮筏上。养殖绳上的第一个附苗器在水面下约 20 厘米，各串养殖绳之间的距离应大于 50 厘米。

②筏式网笼养殖

山东、辽宁等地的筏式养殖牡蛎，常采用类似扇贝养殖的方法，即将附在贝壳上的蛎苗连同贝壳一起装在扇贝网笼内，再吊挂到筏架上进行养成。每层网笼一般养殖牡蛎 40 粒左右，每亩可放养 12 万~15 万粒。

筏式养殖的最大特点是把平面养殖改为立体垂养，牡蛎生长环境从潮间带滩涂改为水流畅通的潮下带深水海区，这对加快牡蛎的生长，提高单位面积产量，都有着积极意义。但筏式网笼养殖容易造成污损生物大量附着，而且养殖的器材设施一次性投资大，成本高；在深水外海养殖，还必须提高抗风浪能力，以防台风侵袭。

图 7　牡蛎吊绳养殖图

（4）分苗与养成时间

常温培育的长牡蛎“海大 2 号”苗种出库时间在 7—8 月，由于气温高，运苗时要防高温曝晒。一般在气温 24℃以下时，途中不浇水不致死亡。蛎苗运至养殖海区后，需要装于网包内挂于海上暂养。每包 8~10 串，每串 100 片。暂养 15~20 天，蛎苗长到 2~3 毫米时进行分苗。分苗时，选择每片具有 8 个以上蛎苗的附着基进行夹苗。

蛎苗的养成周期，各地不尽相同。我国山东省养殖“海大 2 号”长牡蛎，第一年 8 月采的苗，至翌年底或第三年 1—3 月收获，从采苗至收获的养殖周期 16~20 个月。

（5）日常管理

①保证浮筏安全

勤检查浮绠、橛缆与吊绳，发现问题及时修复，风浪过后要及时出海检查。

②调整浮力

要随着牡蛎的生长，浮筏负荷量的增加而及时调整浮子数量，避免浮力下沉，增强抗御风浪的能力。

③防止吊绳绞缠

吊绳要挂得均匀，防止吊绳绞缠在一起，造成脱落影响产量。

2. 虾池混养

牡蛎与对虾混养，实际是在虾池中在保证对虾养殖前提下，再播养牡蛎，可以提高虾池利用率，增加经济效益。混养的虾池要求水深在 1.2 米以上，并具有一定的换水能力，日换水量在 30%以上，海水盐度不低于 25，池底质以泥砂底为宜。放养前应将虾池清底、消毒，并在池底造宽约 1 米、高10~15 厘米、间距20 厘米的平垄，作为播养蛎苗的苗床，平垄的构筑方向应与水流方向一致。建好平垄后，应进行肥水。用 60 目的筛绢纳水，当水超过平垄时，每亩施尿素 1.5 千克或硝酸铵 2.5~3 千克，以繁殖基础饵料。上述准备工作应在 3 月底或 4 月初完成。

播养蛎苗在 4 月上、中旬，蛎虾混养的“海大 2 号”长牡蛎是前 1 年的苗经海上越冬，第二年春季壳长达到 2~4 厘米的苗种。

（1）底播

播苗时虾池水深要达到 20 厘米，水色呈黄褐色。播苗方式可用撒播法，最好采用插播法，斜插深度以蛎苗壳长的 1/3 为宜。播苗量一般 0.5 万~1 万粒/亩。

蛎苗播养后，主要是加强水质管理，既要满足对虾生长的水质要求，又要保证牡蛎能充分滤水摄食。必须注意适当地大排大进水，以保证对虾生长，特别是前期更要防止水质清瘦。秋后对虾收获后，将虾池水注满并保证水质良好，以促进牡蛎生长，至 11 月底即可收获。收获时将池水排干，逐垄采收。

（2）筏养

在对虾池中，可利用筏式吊绳或网笼养殖“海大 2 号”长牡蛎，养殖密度一般为 0.5 万~1 万粒/亩。

四、培育单位和种苗供应单位

（一）育种单位

1. 中国海洋大学

地址和邮编：山东省青岛市鱼山路 5 号，266003

联系人：李琪，于瑞海

联系电话：0532-82061622

E-mail：qili66@ ouc. edu. cn

2. 烟台海益苗业有限公司

地址和邮编：山东省莱州市崔家，264210

联系人：刘剑

联系电话：0535-5877889

E-mail：liujianouc@ 126. com

（二）种苗供应单位

1. 烟台海益苗业有限公司莱州基地

地址和邮编：山东省莱州市崔家，264210

联系人：刘剑

联系电话：0535-5877889

E-mail：liujianouc@ 126. com

2. 莱州市长渔水产有限公司

地址和邮编：山东省莱州市城港路街道上官刘家村，261400

联系人：张江林

联系电话：18954576988

（三）编写人员名单

李琪，于瑞海

葡萄牙牡蛎“金蛎1号”

一、品种概况

（一）培育背景

牡蛎属软体动物门、双壳纲、珍珠贝目，牡蛎科，是一种重要的海洋经济生物。其肉味鲜美，营养价值较高，素有“海中牛奶”之美称。牡蛎地理分布广、生长快、产量高，具有很高的经济价值，是世界各国重要的海水养殖对象。2014年世界牡蛎产量达516万吨，产值41.7亿美元；中国牡蛎产量居全球首位，达435万吨，占世界牡蛎产量的84.3%，特别是近15年来中国牡蛎年产量均在300万吨以上，牡蛎已成为中国乃至世界养殖产量最大的经济贝类。

福建牡蛎养殖历史悠久，迄今已成为中国最大的牡蛎养殖区，2015年全国牡蛎养殖面积14.15万公顷，产量457.34万吨，而福建省牡蛎养殖面积达3.77万公顷，产量165.96万吨，养殖面积和产量分别占全国的26.64%和36.29%，面积、产量均居全国之冠。牡蛎养殖产业的可持续健康发展，对促进福建海洋渔业发展具有重要意义。近年来，福建牡蛎养殖规模有较大发展，但同时也存在一些问题，主要表现在：① 福建牡蛎主要养殖品种为葡萄牙牡蛎（*Crassostrea angulata*），除本项目工作外，迄今福建养殖的牡蛎未进行过系统有效的育种工作，特别是大部分育苗场使用年龄、规格和质量等都不理想的个体繁衍后代，且人工繁育时所用的亲贝数量少，直接导致苗种品质下降，遗传多样性降低，突出表现在育苗成功率降低，养殖牡蛎经常出现大批量死亡，并呈现养殖个体小型化、生长慢、出肉率低等经济性状持续衰退现象，严重影响牡蛎的养殖产量和质量。② 福建牡蛎养殖模式单一，大部分采用幼虫固着贝壳基质后进行延绳式养殖，因牡蛎有群聚习性，常多个固着在一起，生长空间受限，导致养殖牡蛎大小相差迥异，壳形不规整，商品价值低，带壳牡蛎平均价格 1～2 元/千克，远不及广东、山东和国外牡蛎价格，这些问题都严重制约着福建牡蛎养殖业的发展。为此，开展牡蛎良种选育技术的研究与应用，培育出生长快、品质优的牡蛎优良新品种，对推动牡蛎养殖良种化进程和产业的升级换代具有重要意义。

2009 年项目组在牡蛎育种研究过程中，发现极小部分葡萄牙牡蛎个体贝壳呈金黄色，为此，当年就构建了黄壳色速长全同胞家系 10 个，养殖结果发现其壳色可以遗传。自 2009 年起，我们以壳色和生长速度（体重）作为选育目标，构建了基础群体，开展了群体选育，2013 年选育至 F_4代，2015 年选育至 F_6代，2014—2015 年进行了连续两年生产性对比试验和中间试验，证明其生产性能优良，适合在福建海域养殖推广。

（二）育种过程

1. 亲本来源

“金蛎 1 号”系采用群体选育技术培育的葡萄牙牡蛎新品种。所利用的父本、母本均选自葡萄牙牡蛎野生和养殖群体中贝壳金黄色、生长速度快的个体。

2. 技术路线

“金蛎 1 号”新品种培育主要技术路线如下：收集福建沿海诏安、漳浦、罗源及广东南澳等牡蛎主养区野生和养殖的葡萄牙牡蛎人工繁育后代构建基础群体，确定生长速度及贝壳颜色为选育目标性状，利用群体选择技术，构建了葡萄牙牡蛎黄壳色速长群体选育系。同时开展了不同选育世代生产性能（体重、成活率、壳色、壳长、壳宽、壳高等）分析与测评，进行了 6 个选育世代群体的遗传结构和遗传多样性分析等。经过连续 4 代选育，最终培育出性状遗传稳定的葡萄牙牡蛎“金蛎 1 号”新品种，并进行了连续两年（二代）的生产性对比试验与中试。其主要技术路线如图 1 所示。

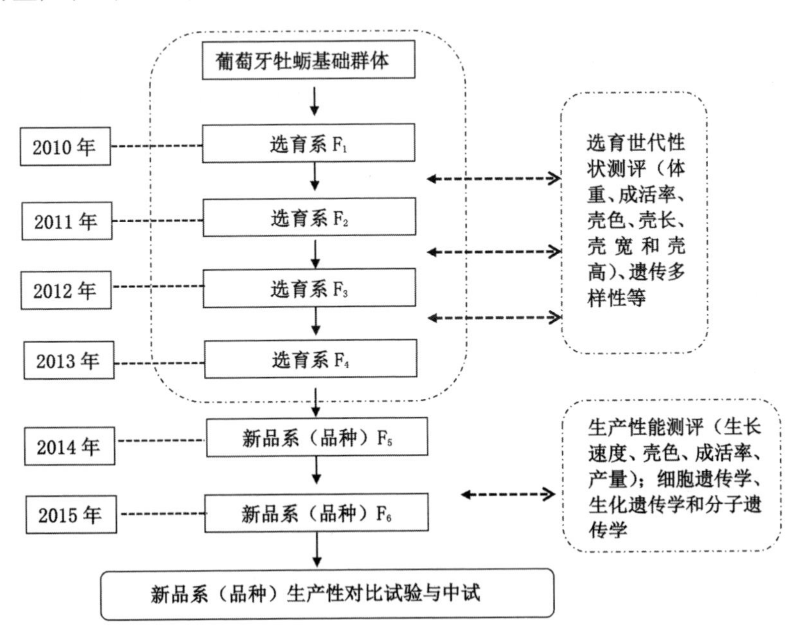

图 1 “金蛎 1 号”新品种培育技术路线图

3. 培（选）育过程

① 项目组自2009年起，收集福建沿海诏安、漳浦、罗源及广东南澳等牡蛎主养区野生和养殖的葡萄牙牡蛎人工繁育后代2万只为基础群体，并以贝壳黄色作为选择标记，采用体重排序方式，选择黄壳色、生长快、个体大、性腺发育成熟的120个个体随机交配进行自群繁育，获得选育F_1代，之后进行闭锁选育，分别在每个世代的中苗期及成贝期按照50%和10%的强度进行选择，每个世代总选择压力为5%，通过持续开展闭锁选育，至2013年选育至F_4代。

② F_4代养殖及生产性能测试结果表明，单体养殖一周年，平均壳高（11.76±1.03）厘米、平均壳长（6.21±0.68）厘米、平均体重（115.88±17.44）克，单体养殖生长速度较对照组平均提高22.0%~37.7%，平均成活率提高4.8%，具有显著的生长优势，其贝壳金黄，颜色绚丽，选育种初步命名为“金蛎1号”。

（三）品种特性和中试情况

1. 品种特性

“金蛎1号”具有贝壳金黄、颜色绚丽的特点，在相同养殖条件下，单体养殖生长速度比对照组平均提高22.0%~37.7%，牡蛎壳附苗串养生长速度比对照组平均提高9.7%~20.5%，平均亩增产10.0%~32.5%，养殖单产明显提高，养殖成活率比对照组平均提高4.8%。适宜在我国福建地区海域养殖（图2）。

2. 中试情况

项目组于2014—2015年在福建省石狮市深沪湾海区连续两年开展了生产性养殖对比试验，试验方法包括塑料筐单体养殖和牡蛎壳附苗串养两种养殖

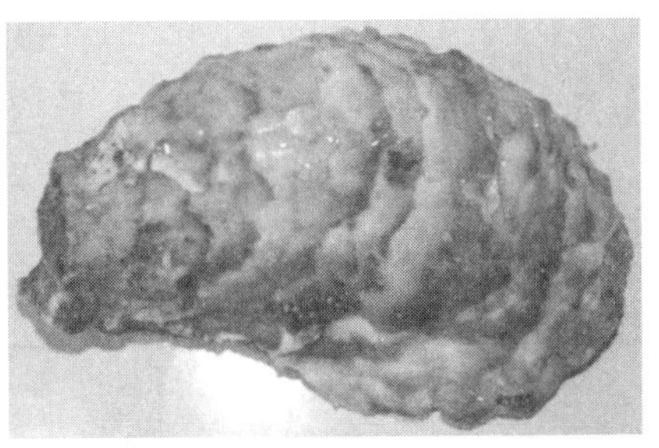

图 2 “金蛎 1 号”

方式，累计养殖“金蛎 1 号”单体牡蛎 60 万粒，牡蛎壳附苗串养 1 025 亩。

（1）塑料筐单体养殖

2014 年项目组在深沪湾开展“金蛎 1 号”单体养殖示范，累计示范养殖 60 万粒；验收结果显示，“金蛎 1 号”单体养殖 360 天，单体牡蛎平均体重（124.00±23.05）克、平均壳高（11.04±0.91）厘米、平均壳长（5.89±0.49）厘米；对照组牡蛎平均体重（90.00±14.29）克、平均壳高（9.98±0.85）厘米、平均壳长（4.96±0.51）厘米，单体养殖的“金蛎 1 号”生长速度较对照组高 37.7%。

“金蛎 1 号”单体养殖 550 天，单体牡蛎平均体重（146.98±31.67）克、平均壳高（11.83±0.83）厘米；对照组牡蛎平均体重（113.81±14.93）克、平均壳高（10.11±0.57）厘米、单体“金蛎 1 号”生长速度较对照组高 29.14%。

（2）牡蛎壳附苗串养

2014 年项目组在深沪湾示范养殖“金蛎 1 号”850 亩，试验结果显示，“金蛎 1 号”养殖 240 天，个体平均体重（27.70±14.23）克，平均壳高（66.82±13.89）厘米，测产平均（7.26±0.53）千克/串，亩产 1 815 千克（250 串/亩）；对照组个体平均体重（22.98±11.07 ）克，平均壳高（57.32±

14.63）厘米，（5.48±0.76）千克/串，亩产 1 370 千克（250 串/亩）；“金蛎1号”生长速度较对照组高 20.54%，平均亩增产 32.48%，成活率提高 4.1%（表 1）。

表 1 “金蛎 1 号”与对照组生产性对比试验结果（240 日龄）

品种（系）	体重（克）	壳高（毫米）	壳长（毫米）	壳宽（毫米）	串重（千克）	成活率（%）	单产（千克）
“金蛎 1 号”	27.70± 14.33	66.82±13.89	37.56±10.36	25.76±6.92	7.26±0.53	89.2	1 815
对照组	22.98±11.07	57.32±14.63	33.52±7.93	23.75±6.17	5.48±0.76	85.1	1 370
提高（%）	20.54	16.57	12.03	8.40	32.48	4.1	32.48

注：单产=250 串养殖产量。

2015 年项目组在深沪湾示范养殖“金蛎 1 号”175 亩，现场测产验收结果显示，“金蛎 1 号”养殖 210 天，个体平均体重（22.13±6.82）克，平均壳高（6.73±8.20）厘米，测产平均（4.99±0.56）千克/串，亩产 1 247.5 千克（250 串/亩）；对照组个体平均体重（20.18±6.90）克，平均壳高（6.49±11.10）厘米，测产 4.54 千克/串，亩产 1 135.0 千克（250 串/亩）；“金蛎 1 号”生长速度较对照组高 9.66%，平均亩增产 10%，成活率提高 5.5%（表 2）。

表 2 “金蛎 1 号”与对照组生产性对比试验结果（210 日龄）

品种（系）	体重（克）	壳高（毫米）	壳长（毫米）	壳宽（毫米）	串重（千克）	成活率（%）	单产（千克）
“金蛎 1 号”	22.13± 6.82	67.30±8.20	32.56±9.34	23.74±5.98	4.99±0.56	86.5	1 247.5
对照组	20.18±6.90	64.90±11.10	29.52±6.83	21.79±6.07	4.54±0.86	81.0	1 135.0
提高（%）	9.66	3.70	10.30	8.94	32.48	5.5	10

注：单产=250 串养殖产量。

二、人工繁殖技术

（一）亲本选择与培育

1. 亲本的选择

“金蛎 1 号”繁育亲本保存在石狮深沪湾牡蛎活体种质资源保存平台。从“金蛎 1 号”葡萄牙牡蛎群体中选择 1 龄以上（一般为 12~15 个月），壳高 10 厘米以上，个体重量达到 100 克以上，活力好，体质健壮、无损伤的亲贝。

2. 亲本的促熟培育

池塘育肥：将性腺不饱满的亲贝移入池塘中育肥，育肥期间池塘水温变化范围为 20~30℃，育肥过程中检查亲贝性腺发育情况，直至观察到亲贝性腺饱满且覆盖整个软体部，此时即可进行人工育苗。

水泥池育肥：春季，从亲贝生境水温逐步升至 20~25℃；秋季，自然水温，盐度 20~30，光照 500~1 000 勒克斯。

（二）人工繁殖

1. 催产

采用阴干、流水及升温刺激等方法，诱导性腺发育成熟的亲贝集中大量排放精、卵。一般将亲贝阴干 3~5 小时，流水刺激 1~2 小时，然后放入升温 3~5℃的海水中；也可在阴干后，直接用升温 3~5℃的海水流水刺激 1~2 小时；也可在夜间将亲贝阴干 10~12 小时，再放入海水中排放。

2. 人工解剖授精

将亲贝右壳打开，取出软体部，再挑选性腺饱满、成熟度好的个体作为亲体。一般根据软体部颜色可判断雌雄，雌性呈淡黄色，雄性呈乳白色，也可采用显微镜或滴水法区分雌雄。将挑选出的雌雄个体分开，分别在海水中洗卵、洗精，并用300目筛绢网过滤杂质。卵子在海水中浸泡0.5小时后，加入适量的精子，精子浓度以每个卵子周围有3~4个精子为宜。

3. 孵化

卵子受精之后（水温20℃，受精30分钟；水温25℃，受精15分钟），将受精卵倒入育苗池中孵化，育苗池水位0.5米，孵化密度为5~10个/毫升，微充气。

（三）苗种培育

1. 幼虫培育

（1）培育条件

水温20~30℃，盐度20~30，pH值8.0~8.5，光照500~1 000勒克斯。

（2）培育方法

牡蛎受精卵经16~24小时发育为D形幼虫，此时将育苗池的水位加至1米，经4~5天发育为早期壳顶幼虫，再将育苗池的水位加满。由于受精卵采用大水体孵化，孵化密度较低，且严格控制精子的数量，因此不需要去除池水表面泡沫等，可直接加水培育。幼虫培育密度前期为3~5个/毫升，中后期为1~2个/毫升。幼虫前期投喂金藻和角毛藻，投喂密度为（1~2.5）×10^4个/毫升，中后期（幼虫壳长130微米以上）投喂金藻、角毛藻和小球藻，投喂密度（3~10）×10^4个/毫升，早、中、晚各投喂一次。幼虫培育至中期，视密度情况分池培育；培育期间添加光合细菌抑制有害细菌繁殖，幼虫培育采用不换水培育方法。

2. 稚贝培育

（1）培育条件

水温 20~30℃，盐度 20~30，pH 值 8.0~8.5，光照 500~1 000 勒克斯。

（2）附着基

宜用壳高 8 厘米以上的牡蛎壳或长 20~30 厘米、宽 1~3 厘米、厚 0.1~0.3 厘米的聚丙烯塑料片作为附着基。用 60~80 丝聚乙烯绳将洗净的附着基串在一起，牡蛎壳每串 220 片左右，塑料片每串 90 片。附着基清洗干净后，用 0.2%的漂白粉（含氯量 35%）溶液浸泡 24 小时，再用砂滤海水冲洗干净待用。

（3）培育方法

幼虫培育 14~21 天，壳长达到 310~330 微米，开始出现眼点。当幼虫的眼点率达到 50%~70%，且足部伸出体外时即可投放附着基。将成串附着基垂挂在水体中，投放密度为牡蛎壳 10~20 串/$米^3$，塑料片 30~40 串/$米^3$。幼虫附着变态需要 2 天，附苗密度以 30~40 个稚贝/牡蛎壳或 60~80 个稚贝/塑料片为宜。稚贝培育以投喂小球藻、扁藻和角毛藻为主，辅以金藻，投喂密度为（10~30）$\times 10^4$个/毫升，每天换水 100%，一般在室内培育 7~10 天后稚贝生长至壳长 1 毫米左右时出苗。稚贝出苗前，应将育苗池的池水排干，让稚贝干露进行炼苗操作，此过程可以有效提高稚贝下海后的成活率。

3. 蛎苗海上暂养

由于稚贝较小，下海前用聚乙烯网袋装好，每袋装 10 串，整袋挂养于海上，一般暂养两周左右。此外，稚贝下海时间除根据天气情况外，还应错开藤壶、贻贝等附着生物的附着高峰期，从而确保贝苗安全、健康、快速生长。

4. 分苗疏养

稚贝暂养两周后，壳长达到 5 毫米以上，可进行分苗疏养。分苗过程：

把成串牡蛎壳解开，用2.5米长的60~80丝聚乙烯绳将附有稚贝牡蛎壳串连，每片间隔10 ~20厘米，每串9片。

三、健康养殖技术

（一）健康养殖（生态养殖）模式和配套技术

1. 海区选择

宜选择水深10~20米，水流通畅、水质清新、浮游植物丰富，附近无河流、无污染的海区，符合GB 18407.4的要求。温度7~32℃，盐度24~32，pH值7.6~8.4，溶解氧大于3毫克/升，水质应符合GB 11607的要求。

2. 笼式养殖

（1）养殖绳和筏架

延绳式养殖设施由一根PVC浮纹绳为单元，浮纹绳两端用同规格的锚绳与海底桩脚连接固定；浮纹绳直径为14~16毫米，每条绳长100~120米，每隔3米缚上一个浮球（直径40~60厘米）。相邻浮纹绳间距2.2米，每40行浮纹绳为一个养殖小区，每小区相隔10米。

浮筏每台大小为20米×20米，可以多台拼接在一起。用直径15厘米的毛竹或木板横纵搭建成4米×4米的单元框架，框架底部用聚乙烯泡沫浮球支持提供浮力，使筏架上浮于水面，筏架四角用2500丝聚乙烯缆绳系在桩头上，定置于海区。框架上横搭毛竹作为挂笼的载体，毛竹间距1.5米。

（2）养殖笼

硬塑料长方体养殖笼，规格为45厘米×36厘米×14厘米，表面均为圆角矩形大孔（孔径4厘米×1厘米），保证水流的通透性。以上笼底部和下笼叠加，顶笼加盖，盖表面打小孔（孔径0.5厘米），避免阳光经盖照射笼内。

3~5笼为一串捆扎好以绳索系在养殖绳或筏架竹竿上，笼盖距水面1米左右，每串笼间距为1.5米。

（3）放养规格与密度

当稚贝生长到4厘米以上时从附着基上剥离，形成单体牡蛎，平铺一层放入养殖笼中，放养密度24~30个。

3. 平挂养殖

平挂养殖设施见笼式养殖（1）养殖绳，牡蛎苗经分苗串成3米长的蛎绳，每条蛎绳18个牡蛎壳，每个牡蛎壳上附着蛎苗15~20个，蛎绳两端平挂于相邻两条浮纹绳上，蛎绳间隔30~35厘米。

4. 日常管理

（1）清理

笼式养殖，每个月清理敌害生物、死贝和养殖笼附着生物一次；平挂养殖视牡蛎生长情况添加浮球并加固浮纹绳。

（2）疏苗

笼式养殖每3个月分笼疏苗一次，确保牡蛎不会互相挤压，壳型规整。

（3）收获

笼式养殖牡蛎壳长达到8厘米以上，平挂养殖牡蛎壳长5~6厘米，且软体部饱满时可收获上市。

（二）主要病害防治方法

稚贝下海时间应错开藤壶、贻贝等附着生物的附着高峰期；养殖期间定期清理敌害生物、死贝和养殖笼附着生物，视牡蛎生长情况添加浮球并加固浮纹绳。

四、育种和种苗供应单位

（一）育种单位

单位名称：福建省水产研究所
地址和邮编：福建省厦门市湖里区东渡海山路 7 号，361013
联系人：宁岳
电话：13799760691

（二）种苗供应单位

单位名称：福建亿桦水产科技有限公司
地址和邮编：福建省漳州市霞美镇，363214
联系人：宁岳
电话：13799760691

（三）编写人员名单

曾志南，宁岳，祁剑飞，巫旗生，郭香，陈朴贤，贾圆圆，文宇
严璐琪，苗惠君

菲律宾蛤仔“白斑马蛤”

一、品种概况

（一）培育背景

菲律宾蛤仔（*Ruditapes philippinarum*）是我国四大养殖贝类之一，年产量约 300 万吨，占世界总产量的 90%，单种产量在我国养殖贝类中最高。随着人民生活水平的提高，国内外市场均供不应求，市场潜力巨大。但目前养殖的蛤仔均为野生或野生到家化的过度群体，基因型不稳定。缺乏人工培育的高产、抗逆品种是制约产业可持续发展的瓶颈之一。

美观的壳色会给人视觉上的享受，更易获得消费者喜爱。海洋双壳类贝壳的颜色过去仅被作为分泌产物而一直被忽视。事实上，双壳类贝壳的颜色不仅与它们的生态和行为有关，还与其生长、存活等经济性状有关。以往人们认为，蛤仔的壳面颜色和花纹杂乱，没有规律。闫喜武等从 2002 年开始对不同地理群体蛤仔的壳色进行系统研究，发现斑马蛤存活率高，白蛤生长快，两者的杂交子代“白斑马蛤”在生长、存活方面有明显的杂种优势，其壳面有斑马花纹，左壳背缘有一条纵向深色条带，壳面特征可以稳定地遗传。

此外，北方蛤仔土著群体由于味道鲜美，因此更受消费者青睐，市场价格也更高。如辽宁土著蛤仔售价 17 元/千克，南方移养蛤仔 8~10 元/千克，两者相差近 1 倍。在国际市场，北方土著蛤仔出口价格比南方移养蛤仔价格高 1/3 以上。同时，与南方移养蛤仔相比，土著群体适应北方海域条件，抵御冬季低温冰冻能力强，养殖风险小。因此，通过辽宁蛤仔土著群体不同壳色品系间杂交及群体选育方法培育壳面花纹美观、生长快的菲律宾蛤仔“白斑马蛤”养殖新品种，对于降低养殖风险，提高商品价值，提升蛤仔产品国际市场竞争力，都具有十分重要的意义。

（二）育种过程

1. 亲本来源

2009 年 5 月，从 30 万粒大连野生群体中筛选出斑马蛤（壳面为斑马花纹）及白蛤（左壳背缘有一条纵向深色条带，壳面为白色）各 600 粒为亲本，以白蛤为母本，斑马蛤为父本构建杂交群体（白蛤♀×斑马蛤♂），以获得的 10 000 粒杂交子代作为菲律宾蛤仔“白斑马蛤”选育基础群。

2. 技术路线

菲律宾蛤仔“白斑马蛤”选育技术路线见图 1。

3. 培（选）育过程

2010 年 5 月至 2013 年 12 月，采用群体选育技术对白斑马蛤进行选育，每代选留 3 000 粒作为基础群体，以壳长、鲜重为选育指标，逐代上选，每代留种率为 10%。对白斑马蛤进行连续 4 代的群体选育。结果表明，白斑马蛤壳长现实遗传力为 0.21~0.29，遗传改进 2.68%~3.61%，累计遗传改进为 12.81%；鲜重生长现实遗传力为 0.02~0.10，遗传改进为 5.26%~18.49%，累计遗传改进为 46.60%。每代具体选育情况如下：白斑马蛤群体选育 F_1壳长现实遗传力为 0.24±0.03，遗传改进为 3.28%，比普通养殖群体提高了 9.03%；鲜重生长现实遗传力为 0.02±0.00，遗传改进为 5.26%，比普通养殖群体提高了 19.74%。白斑马蛤群体选育 F_2壳长现实遗传力为 0.24±0.02，遗

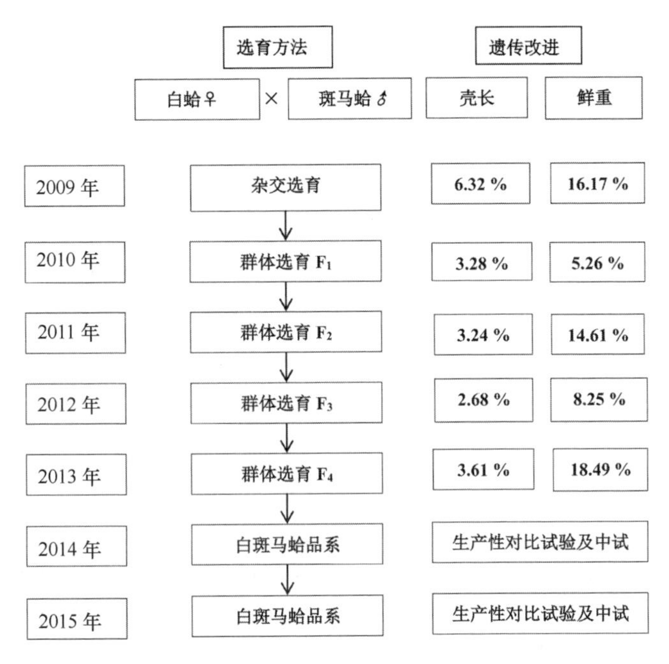

图 1 菲律宾蛤仔“白斑马蛤”选育技术路线

传改进为 3.24%，比普通养殖群体提高了 13.07%；鲜重现实遗传力为 0.06±0.01，遗传改进为 14.61%，比普通养殖群体提高了 29.21%。白斑马蛤群体选育 F_3壳长现实遗传力为 0.21±0.04，遗传改进为 2.68%，比普通养殖群体提高了 11.78%；鲜重现实遗传力为 0.04±0.02，遗传改进为 8.25%，比普通养殖群体提高了 25.77%。白斑马蛤群体选育 F_4鲜重现实遗传力为 0.29±0.06，遗传改进为 3.61%，比普通养殖群体提高了 14.61%。鲜重现实遗传力为 0.10±0.01，遗传改进为 18.49%，比普通养殖群体提高了 42.02%。F_2、F_4鲜重的遗传改进明显高于 F_1、F_3鲜重的遗传改进，这可能是由于 F_2、F_4鲜重受选择的微效基因多于 F_1、F_3。经连续 4 代选育，于 2013 年育成具有斑马壳面花纹，左壳背缘有一条纵向深色条带的菲律宾蛤仔白斑马蛤新品系，将其命名为“白斑马蛤”，该品系具有壳色美观、生长快、抗寒能力强的特点。

（三）品种特性和中试情况

1. 新品种特征和优良性状

① 白斑马蛤为辽宁土著蛤仔，壳色美观，壳面具有斑马花纹，左壳背缘有一条纵向深色条带，花纹间背景为白色，壳面特征可稳定遗传。

② 在相同养殖条件下，与普通菲律宾蛤仔相比，白斑马蛤平均壳长提高了16.5%以上，鲜重提高了37.0%以上，产量提高了40%以上。

③ 在冬季低温-2℃条件下，白斑马蛤越冬存活率为64.5%，而对照组越冬存活率为31.0%。

2. 中试选点情况、试验方法和结果

2014年1月至2015年12月，营口市水产科学研究所、辽宁每日农业集团有限公司、天津市滨海新区大港水产技术推广站、獐子岛集团股份有限公司4家生产单位分别对菲律宾蛤仔“白斑马蛤”进行中试养殖，累计应用面积1 310亩。结果表明，菲律宾蛤仔白斑马蛤变态率高、生长速度快、存活率高、抗寒能力强。具体情况如下：

① 2014年5月1日至8月31日，大连海洋大学与营口市水产科学研究所合作在营口现代渔业科技产业园利用1 000立方米水体开展了菲律宾蛤仔白斑马蛤苗种规模化繁育；2015年4月20日至8月20日大连海洋大学与营口市水产科学研究所合作在营口现代渔业科技产业园利用2 000立方米水体开展了菲律宾蛤仔白斑马蛤苗种规模化繁育。两年累计繁育规格2~3毫米苗种1.5亿粒。

2014年9月，大连海洋大学与营口市水产科学研究所合作在营口现代渔业科技产业园室外池塘开展生产性对比试验，养殖面积310亩。结果表明，

15 月龄白斑马蛤壳长比对照组提高 16.5%，鲜重比对照组提高 38.3%，存活率比对照组提高 25.2%。2 龄白斑马蛤壳长生长比对照组提高 17.6%，鲜重生长比对照组提高了 48.6%，存活率比对照组提高 18.9%（表 1）。

表 1　2014 年在营口现代渔业科技产业园生产性对比试验结果

对比项目	白斑马蛤	对照组
15 月龄存活率（%）	53.0±2.1	42.3±2.5
15 月龄壳长（毫米）	25.43±1.88	21.82±1.84
15 月龄鲜重（克）	2.71±0.71	1.96±0.51
2 龄存活率（%）	41.9±2.2	35.2±1.8
2 龄壳长（毫米）	36.83±2.09	31.32±5.67
2 龄鲜重（克）	12.81±2.36	8.62±5.39

② 2014 年 4 月开始，大连海洋大学与辽宁每日农业集团有限公司合作开展连续两年的白斑马蛤生产性对比试验，在辽宁盘锦池塘底播南方对照组苗种和白斑马蛤苗种 1 亿粒，养殖面积 340 亩。结果表明，15 月龄白斑马蛤壳长生长比对照组提高 16.54%，鲜重生长比对照组提高 38.3%，存活率比对照组提高 29.9%。2 龄白斑马蛤壳长生长比对照组提高 18.1%，鲜重生长比对照组提高 51.6%，存活率比对照组提高 30.2%（表 2）。

表 2　2014—2015 年在辽宁每日农业集团有限公司生产性对比试验结果

对比项目	白斑马蛤	对照组
15 月龄存活率（%）	53.0±2.1	40.78±2.49
15 月龄壳长（毫米）	25.43±1.88	21.82±1.84
15 月龄鲜重（克）	2.71±0.71	1.96±0.5
2 龄存活率（%）	50.0±2.74	38.44±2.6
2 龄壳长（毫米）	38.13±3.09	32.29±3.40
2 龄鲜重（克）	14.46±3.58	8.54±3.36

③ 2014 年 1 月开始，大连海洋大学与天津市滨海新区大港水产技术推广站合作在天津海升水产养殖有限公司开展连续两年的白斑马蛤生产性对比试验。在天津滨海新区海域底播南方对照组苗种和白斑马蛤苗种 4.7 亿粒，养殖面积 360 亩。结果表明，1 龄白斑马蛤壳长比对照组提高 16.7%，鲜重比对照组提高 42.9%，存活率比对照组提高 24.6%。2015 年 11 月测量结果显示，白斑马蛤壳长比对照组提高 19.3%，鲜重比对照组提高 57.7%，存活率比对照组提高 30.2%（表 3）。

表 3　2014—2015 年在天津海升水产养殖有限公司养殖对比试验结果

对比项目	白斑马蛤	对照组
1 龄存活率（%）	15.2±1.04	12.2±3.29
1 龄壳长（毫米）	16.34±1.56	14.00±1.87
1 龄鲜重（克）	0.9±0.28	0.63±0.24
2 龄存活率（%）	51.3±2.71	39.4±2.41
2 龄壳长（毫米）	36.68±2.25	30.74±3.34
2 龄鲜重（克）	13.06±2.94	7.28±2.68

④ 2014 年和 2015 年 5—10 月，大连海洋大学与獐子岛集团股份有限公司利用 1 000 立方米水体育苗室开展菲律宾蛤仔白斑马蛤苗种规模化繁育。2014 年 9 月在獐子岛海区挂养南方对照组苗种和白斑马蛤苗种 1.8 亿粒，养殖面积 300 亩。结果表明，10 月龄白斑马蛤壳长比对照组提高 17.0%，鲜重比对照组提高 37.0%，存活率比对照组提高 22.1%。2015 年 12 月统计测量结果表明，白斑马蛤壳长比对照组提高 23.4%，鲜重比对照组提高 42.9%，存活率比对照组提高 18.9%（表 4）。

表4　2014年1月至2015年12月在獐子岛集团股份有限公司生产性对比试验结果

对比项目	白斑马蛤	对照组
10月龄存活率（%）	86.2±3.2	70.7±2.2
10月龄壳长（毫米）	12.59±2.42	10.76
10月龄鲜重（克）	0.37±0.09	0.27±0.05
2龄存活率（%）	86.8±2.3	73.0±1.0
2龄壳长（毫米）	36.69±2.16	29.74±2.76
2龄鲜重（克）	12.75±2.36	8.92±1.49

二、人工繁殖技术

（一）亲本选择与培育

室内全人工育苗分常温和控温（升温）两种。根据北方地区的气候特点，为了缩短“白斑马蛤”的养殖周期，可在控温条件下人工促熟，进行提早繁育。在辽宁，可从4月初开始，山东、河北可从3月中旬开始。

选取菲律宾蛤仔“白斑马蛤”作为亲本，年龄1龄以上，外观规整，无破损或畸形。

室内常温育苗时，在繁殖期到来之前，对亲贝进行挑选，定期解剖观察，当个别精子活跃时移到室内继续暂养3~5天，然后进行催产。

控温育苗时，用锅炉升温。将亲贝装于扇贝笼或网箱中吊养，或装在网袋中平放于池底，密度5千克/米^3。每天全量换水2次，拣出死贝，清理池底粪便和污物。投饵以新月菱形藻等硅藻为主，附以小球藻；代用饵料为螺旋藻粉、蛋黄等。每天投喂2~6次，不同水温投喂次数不同，单胞藻投喂量以3小时吃清为宜。24小时连续充气。亲贝入池后需在自然水温条件下暂养3~5天后开始升温。升温幅度和促熟时间根据性腺发育程度而定。一般日升温幅度为1℃；当水温升至17~19℃时不再升温。经30天左右，性腺可以发育成熟。

（二）人工繁殖

亲贝催产方法很多。其中阴干8小时、升温3~5℃、流水刺激是常用方法。受精卵孵化密度为30~50个/毫升，孵化时间根据水温不同为16~26小时，担轮幼虫一般5小时出现。孵化期间微量充气。选育前1小时停气，用300目筛绢选育。

（三）苗种培育

1. 幼虫培育

D形幼虫培育密度5~10个/毫升。培育期间微充气，每天换水2次，每次1/2。每3天倒池1次。幼虫饵料以金藻为主，第1天投喂一次，第2天2次，以后每天4次，幼虫培育期间每天最低投饵量0.5万细胞/毫升，最高投饵量2万细胞/毫升。随着幼虫生长，及时更换不同网目换水网箱，调整幼虫密度。换水网箱由300目逐渐过渡到120目，幼虫密度由5~10个/毫升调整为下潜之前的2~4个/毫升。根据水温的不同，幼虫浮游期为15~20天，壳长约210微米以上时大部分出足下潜，变为匍匐幼虫。

2. 采苗方法及稚贝培育

（1）采苗方法

采苗方法为无附着基采苗。

（2）稚贝培育

从幼虫下潜到完成变态（指出现次生壳）需4~8天。变态后，经20~30天的培育，当稚贝壳长达600微米以上时，转到室外土池进行中间育成。稚贝培育期间，除金藻外，适当增加小球藻投喂量。

3. 稚贝越冬

分室内和室外两种方式。

（1）室内越冬

可在温室大棚或冬天闲置不用的育苗室中进行。优点是水温高，敌害少，成活率高。如在温室大棚中，越冬期水温比室外土池平均高 5℃左右，成活率达 90%以上。另外，除 12 月下旬至翌年 2 月上旬这段时间外，室内水温可达 8℃以上，在人工投饵的条件下，稚贝壳长日生长速度可达 20 微米左右。室内越冬适用于秋季培育的小苗。

（2）室外越冬

在室外土池进行。优点是费用低，管理简便。缺点是水温低，敌害多，成活率较低。

4. 中间育成

（1）播苗密度和规格

壳长 1.5 毫米左右的苗种放养密度为 3 万~5 万/米^2，1.0 厘米左右苗种放养密度为 1 000~3 000 个/米^2。为便于收获，可将苗种拌砂后放在 70 目的网上。

（2）中间育成的管理

包括定期注排水、追肥、清除敌害、监测水质、观察生长情况等。

（3）海上网袋法中间育成

当稚贝壳长达 600 微米左右时，转入 80 目网袋，网袋规格 20 厘米×20 厘米，挂于海区浮筏进行中间育成。

三、健康养殖技术

（一）健康养殖（生态养殖）模式和配套技术

1. 适宜养殖的条件要求

（1）养成区的基本条件

应选择风平浪静，潮流畅通并有淡水注入的内湾平坦的浅海滩涂或海水池塘，底质以砂泥底或泥沙底为宜。海水比重在1.015~1.025。

（2）养殖方式

浅海滩涂养殖或海水池塘养殖。

2. 主要养殖模式配套技术

应视苗种规格、收获时间、成本及养殖区敌害、饵料等情况确定合理的播苗时间和密度。在黄、渤海区，苗种规格为0.7厘米以上，放养密度控制在2 000~4 000个/米^2。

（二）主要病害防治方法

1. 弧菌病

病原为一种弧菌，简称VTP。该细菌在海水中存活时间很短，但其密度达0.2个/毫升即可发病。虽然在成体也检测到该菌的存在，但并不发病，该病主要危害浮游幼虫和稚贝。在苗种繁育过程中，使用大蒜在幼虫和稚贝期全池泼洒4~8毫克/升具有很好的防治效果。

2. 帕金虫病

帕金虫（*Perkinsus marinus*）属于原生动物门中的顶复门（Apicomplexa）、帕金虫纲（Perkinsea）、帕金虫目（Perkinsida）、帕金虫科（Perkinsidae）、帕

金虫属（*Perkinsus*）。在我国，根据该病原属名 *Perkinsus* 音译成帕金虫。

帕金虫能够破坏宿主的防御系统，大量繁生，造成宿主死亡。黄海沿岸水域蛤仔近些年的大批死亡与帕金虫有关，个体大的比个体小的死亡严重；潮下带的比潮上带的死亡严重；养殖密度大的海域比养殖密度小的死亡严重。在死亡之前，大部分蛤仔上升到滩面，贝壳张开而死。

影响帕金虫病害流行的生态因子主要有温度和盐度。在高于 20℃ 水温下，帕金虫迅速繁殖。帕金虫生存繁殖适宜盐度为 24~30，盐度为 36 时，不能繁殖。目前，帕金虫病尚无有效的防治方法，但可根据其生态特点可考虑降低养殖密度、通过换区养殖改变水温和盐度等加以控制。

3. 复殖吸虫病

目前报道的蛤仔体内寄生的复殖吸虫有 3 种。分别为 *Bacciger harengulae* 以及棘口科（Echinostomatidae）的 *A. tyosenense Yamaguti*（1939）和穴科（Fellodistomidae）肛居吸虫（*Proctoeces orientalis* n. sp.）。复殖吸虫大多寄生在蛤仔宿主的生殖腺中，轻者导致蛤仔宿主的生殖腺遭到严重的破坏影响其生殖能力，影响产品品质，重者甚至可直接导致蛤仔的大规模死亡。肉眼观察，未寄生胞蚴的蛤仔生殖腺部位为乳白色，且非常饱满；寄生胞蚴的蛤仔生殖腺部位为淡粉色至橙色，且相对较瘦。目前复殖吸虫病尚无有效的防治方法。通过降低养殖密度以及对亲贝进行检验、检疫可加以预防控制。

4. 敌害

养成期主要敌害有：虾蟹、螺类（包括脉红螺、扁玉螺、泥螺等）、海葵、海星、鱼类（主要有虾虎鱼和鲽科鱼类）、鸟类（主要是海鸥和海鸭）等。海区养成阶段的敌害主要采用人工清除法。

四、育种和种苗供应单位

（一）育种单位

1. 大连海洋大学

地址和邮编：大连市沙河口区黑石礁街52号，116023

联系人：闫喜武

2. 中国科学院海洋研究所

地址和邮编：青岛市南海路7号，266071

联系人：张国范

（二）种苗供应单位

单位名称：大连海洋大学

地址和邮编：大连市沙河口区黑石礁街52号，116023

联 系 人：闫喜武

联系方式：13941127018

（三）编写人员名单

闫喜武，霍忠明，张跃环，杨凤，张国范

合方鲫

一、品种概况

（一）培育背景

1. 意义

鲫鱼肉质细嫩、味鲜美、营养丰富，具有较高的经济价值，因此鲫鱼的养殖和消费在淡水鱼中占有较大的比例。但由于目前养殖水域及天然渔场的污染，栖息和繁殖区缩小，过量捕捞，竞争性生物的盲目引入等原因，造成了鲫鱼乃至整个渔业资源面临极大的威胁。因此，种质资源的保护和良种培育显得尤为重要，这不仅关系到水产业的可持续发展，也关系到将来人类食物来源和结构。

杂交是一种有效的品种改良方法，它在动物的新种制备和遗传改良中有着重要作用。杂交能够将遗传组成不同的两个个体或群体的遗传物质重新组合，从而形成新的具有杂种优势的后代。

2. 目的

日本白鲫具有适应性强、耐寒、耐高温、性成熟早、繁殖率高、生长速度快、养殖成本低等优点。红鲫既是一种特色观赏鱼，也是一种重要的遗传育种亲本资源。红鲫的红色体色是一种特有的遗传标志，有利于在杂交育种中进行相关遗传分析。日本白鲫和红鲫具有各自的优势特征，日本白鲫虽然生长速度快，但是肉质欠佳；红鲫虽然肉质甜而鲜嫩，但是生长速度比不上日本白鲫。另外，红鲫的红色体色在消费方面受到限制。如何培育一种具有生长速度快、肉质好、体色为青灰色等优点的优质鲫鱼，是实验室研究的目标之一。

3. 主要目标

日本白鲫具有生长速度快的显著特征，红鲫具有肉质甜而鲜嫩的显著优点，通过杂交育种将这两大显著优势有效的结合在一起，培育出一种新型鲫鱼品系是鲫鱼杂交育种的主要目标。

（二）育种过程

1. 亲本来源

合方鲫的母本为日本白鲫，父本为红鲫。日本白鲫原产于日本琵琶湖，20世纪70年代引入我国，80年代开始湖南师范大学鱼类发育生物学研究室开始对日本白鲫进行人工养殖和培育（最初作为制备三倍体湘云鲫的母本种质资源）。红鲫来源湘江流域野生群体，20世纪70年代开始，湖南师范大学鱼类发育生物学研究室对红鲫进行自交繁殖和选育建立了红鲫种质资源库（最初用作制备异源四倍体鲫鲤的母本）。2001年开始对日本白鲫和红鲫进行专池饲养，定向选育，为合方鲫的制备备种。每年4次选择。每次选育的时间分别为3月龄、6月龄、9月龄及12月龄，对应的选择率分别为50%、50%、10%、10%，总选择率控制在0.3%以下，连续5年选育。2006年开始，利用经5代选育后的日本白鲫和红鲫品系杂交制备出合方鲫。现今，合方鲫亲本日本白鲫和红鲫均由省部共建淡水鱼类发育生物学国家重点实验室养殖基地（原湖南师范大学鱼类发育生物学研究室）提供。

2. 技术路线

合方鲫培育技术为杂交育种。以日本白鲫和红鲫为亲本，对它们进行专池饲养，经过5代选育获得稳定的品系后，在繁殖季节，选择腹部膨胀、轻压能挤出卵粒的雌性日本白鲫作为母本亲鱼，选择轻压腹部能挤出白色精液的雄性红鲫作为父本亲鱼进行杂交，制备合方鲫。

3. 培育过程

（1）亲本日本白鲫和红鲫的选择和培育

选取经多年选育养殖的日本白鲫和红鲫作为原始亲本，专池养殖。在繁殖期前3~5个月，挑选符合选育标准（种鱼选育主要以生长速度、外形特征为选育目标），性成熟特征明显、体征良好的雌性日本白鲫和雄性红鲫作为杂交的亲鱼进行专池培育，体征良好的亲鱼一般表现为体型好、体色鲜艳、体质健壮、无病无伤。

（2）人工催产

在当年的4—5月，当水温稳定在18~25℃时，为亲鱼注射黄体素释放激素类似物（LRH-A_3）与绒毛膜促性腺激素（HCG）的混合催产剂进行催产，LRH-A的用量为10微克/千克，HCG的用量为600国际单位/千克；注射时优选采用胸鳍基部无鳞处腹腔一针注射法，以提高亲鱼的存活率，先注射母本亲鱼，4~5小时后再注射父本亲鱼，父本亲鱼的注射剂量减半；注射后按1∶1.5~2.5的数量比将父、母本亲鱼放入同一产卵池中，然后据水情及时向池中冲水，尤其在产卵前3~4小时，注入一定水量后，终止注水，使亲鱼静水产卵，直至其开始顺利产卵和产精。

（3）授精与孵化

挑选产卵量大、产卵质量好的母本和产精量大的父本进行人工干法授精，受精卵置于水温为20~24℃的孵化池中进行孵化。合方鲫的受精卵属黏性卵，可采用网式鱼巢进行孵化。

（4）饲养

鱼苗全部孵出后，先于网箱中培育1~2天，待鱼苗出现腰点、开始平游后将鱼苗转入预先培肥的池塘中饲养，3~4天后泼洒豆浆，2~3次/天，力求细、匀。

（三）品种特性和中试情况

1. 品种优良性状

合方鲫外形综合了双亲的体型特征，表现出杂交特性，体色似土鲫鱼，背部青灰色，腹部白色，明显区别于母本的白色和父本的红色。受精率可达90%以上，孵化率在80%以上。苗种成活率高，生长速度快。在池塘养殖条件下，采用蛋白含量为32%的配合饲料进行养殖，1龄合方鲫成鱼平均体重可达350克/尾，显著快于普通红鲫和普通白鲫；合方鲫生产性能稳定，不同批次鱼、不同年份、不同地点养殖的主要外形特征无显著差别，群体内个体间体重变异系数低；合方鲫肉质鲜嫩，水分低，口感好。

2. 中试选点情况及试验方法和结果

2011—2014年对合方鲫进行中试养殖试验，结果见表1。

表1　中试情况表

试验组织单位	试验年份	试验规模	实验结论
长沙市望城区乔口渔场	2011—2014年	共养殖200万尾	成活率高，产量高，规格整齐，苗种培育简单，抗逆性强，外形特征好，养殖效益好
江苏苏州阳澄湖现代农业产业园特种水产养殖有限公司	2012—2014年	每年50万尾	产量高，体型好，市场反应好，养殖效益高

续表

试验组织单位	试验年份	试验规模	实验结论
长沙市望城区团头湖东坡生态渔庄	2011—2014 年	共养殖 100 万尾	生长速度快，摄食能力强，肉质好，易垂钓
湖南八百里水产有限公司	2011—2013 年	养殖水面 100 亩	存活率高，个体均一，产量高，外形受消费者喜爱
泗洪县绿湖水产养殖专业合作社	2011—2014 年	每年 50 万尾	体型好，含肉率高，产量较高，易于管理
长沙县双江镇人民政府生态农业办公室	2012—2014 年	每年 100 万尾	水花培育简单，产量较高，养殖风险小，成本低，养殖效益高
安乡县大北农长林水产养殖农民专业合作社	2011—2014 年	每年 100 万尾	产量高，易管理，外形好，经济效益高
湖南醴陵市嘉树乡渗泉村车塘组	2012 年	8 万尾	产量高，外观好，肉质好
株洲市大禹万利砂石有限责任公司	2012 年	1.2 万尾	养殖效益好
大丰盛兴水产食品有限公司	2012—2014 年	每年 100 万尾	苗种存活率高，产量高，抗逆性强，外形好，肉质好经济效益高
湖南科技大学生命科学学院	2012 年	7 亩	性状整齐，抗病能力强，体型好，肉质好

二、人工繁殖技术

（一）亲本选择与培育

1. 亲本来源

合方鲫亲本日本白鲫和红鲫均来源于省部共建淡水鱼类发育生物学国家

重点实验室。

2. 亲本培育

每亩放养亲鱼200~250千克，雌雄鱼应分池培育，套养少量鲢、鳙鱼等鱼类，严禁其他鲤、鲫鱼混入。投喂配合饲料，确保亲鱼性腺发育良好。

（二）人工繁殖

1. 催产技术

催产激素使用黄体素释放激素类似物（$LRH-A_3$）与绒毛膜促性腺激素（HCG）。雌鱼 $LRH-A_3$的用量为10微克/千克，HCG的用量为600国际单位/千克；雄鱼剂量为雌鱼剂量的一半。注射方法为胸鳍基部无鳞处倾斜45°角注入腹腔，一针注射法以提高亲鱼的存活率。

2. 人工授精

采用干法授精，先将亲鱼体表水分擦干，同时将精卵挤入干燥的搪瓷盘内，用硬羽毛轻轻快速搅匀，使精卵充分混合。然后将受精卵均匀平铺于粘卵板上，放入孵化池中进行孵化。

3. 孵化技术

采用蜂巢式鱼苗孵化器进行孵化。先将受精卵均匀黏附在网孔为40目的网片式人工鱼巢上，再将一张张网式鱼巢平行排列悬挂在网片悬挂装置上，网片之间的间距为10厘米，网片距水底10厘米，孵化器底部中央有喷水管、充气管、喷水管喷出的水压大于0.1兆帕，充气管与气泵相接，气泵以0.2~0.7千克/厘米^{2}的压力向孵化器内水体充气，进入孵化器的水流量为每立方米1~2吨/小时。

（三）苗种培育

鱼苗放养前 10~15 天应清塘消毒。清塘用药物名称、用量及方法见表 2。

表 2　清塘用药物名称、用量及方法

药物种类	用量（千克/亩）		操作方法	毒性消失时间（天）
	水深 0.2 米	水深 1.0 米		
生石灰	60~70	120~150	用水溶化后全池泼洒	7~10
漂白粉	3~5	15~20	用水溶化后，立即全池泼洒	3~5

鱼苗放养前 5~7 天用发酵腐熟的生物有机肥或绿色植物培水。在鱼苗池中放置一小苗箱，投放 100~150 尾鱼苗至小苗箱中，24 小时内观察鱼苗活动情况，检查池水毒性是否消失。每亩放养 10 万~15 万尾，一次放足。鱼苗全长 3.5~4.0 厘米时，分池培养到鱼种池或进行食用鱼养殖。

三、健康养殖技术

（一）健康养殖（生态养殖）模式和配套技术

健康养殖（生态养殖）模式及其配套养殖技术要求（食用鱼养殖）。

1. 主养密度

合方鲫为可育二倍体杂交鱼，养殖场地为可控水域。每亩放养 50~150 克鱼种 1 500~2 000 尾，搭配放养总尾数 15%~20%的鲢、鳙和 5%的鳊鱼种。

2. 套养密度

每亩放养 50~150 克鱼种 300~500 尾。

（二）主要病害防治方法

养殖过程中的常见和危害严重的病害名称、病因、主要症状见表3。

表3　常见病害及其治疗方法

病名	病原	主要症状	治疗方法
水霉病	水霉菌	感染部位覆盖白色棉絮状物。严重时皮肤破损肌肉裸露，鱼体消瘦	①用0.04%食盐和0.04%小苏打合剂全池泼洒；②用水霉净浸泡鱼体或泼洒池塘
鲺病	鲺	鱼体极度焦躁不安，体表充血，同时分泌大量黏液。严重时鱼体表皮被虫体刺破出血，伤口发炎溃疡	①按说明书使用鱼用灭虫灵；②病鱼池用生石灰消毒后换上新水
竖鳞病	水型点状假单胞菌	鱼体发黑，体表粗糙，皮肤充血，眼球突出，腹部膨大，腹水等。严重时鳞片竖起，鳞囊内有积液渗出，鳞片脱落，鳍基充血、腐烂	①用3%食盐水浸浴鱼体10～15分钟；②按说明书投喂氟苯尼考；③每升0.3毫克强氯精全池泼洒
锚头鳋病	锚头鳋	鱼体消瘦，皮肤红肿，体表有红点，严重时组织坏死	①生石灰清塘消毒，杀灭水中的锚头鳋幼虫；②按说明书使用鱼用灭虫灵

四、育种和种苗供应单位

（一）育种单位

湖南师范大学

地址和邮编：湖南省长沙市麓山路36号，410081

联系人：罗凯坤
电话：13974802308

（二）种苗供应单位

湖南师范大学
地址和邮编：湖南省长沙市麓山路36号，410081
联系人：罗凯坤
电话：13974802308

（三）编写人员名单

刘少军，王静，罗凯坤

杂交鲟“鲟龙1号”

一、品种概况

（一）培育背景

鲟鱼是古老的软骨硬磷鱼类，起源于白垩纪时期，迄今已有2亿年的历史，素有“水中活化石”之称。其肉质细腻、味道鲜美，营养价值高，尤其是鲟鱼子酱富含优质蛋白质、氨基酸和微量元素，被誉为“黑色黄金”，与鹅肝、松露并称为世界三大营养食材。

鲟鱼的人工繁育可追溯至19世纪70年代，距今已逾140年历史。苏联在鲟鱼的人工繁殖和增养殖研究方面历史悠久，引领着世界鲟鱼的养殖。目前，全世界有美国、德国、法国等30多个国家相继开展了鲟鱼的研究和人工增养殖。鲟鱼个体大、养殖周期长、性成熟晚，杂交育种是实现其种质改良的有效途径之一。前苏联在完成欧鳇、闪光鲟、俄罗斯鲟、西伯利亚鲟和小体鲟子二代全人工繁殖与养殖的基础上，通过属间远缘杂交的方法，培育出杂交鲟新品种Bester（欧鳇（*Huso huso*）♀×小体鲟（*Acipenser ruthenus*）♂），其综合欧鳇与小体鲟的父母本养殖优点，具有性成熟早、生长速度快及怀卵量大等优点，被欧美国家迅速推广养殖。此外，德、法等国家也相继开展意大利鲟（*A. naccarii*）♀×西伯利亚鲟（*A. baerii*）♂、俄罗斯鲟（*A. gueldenstaedtii*）♀×西伯利亚鲟♂、*A. schrenckii* × *A. baerii*、

A. gueldenstaedtii × *A. naccarii* 等鲟鱼杂交组合优势利用研究，但均处于养殖试验状态，还尚未成功培育出养殖性能优良的杂交鲟新品种。

我国鲟鱼养殖虽然起步较晚，开始于20世纪90年代，但产业发展迅速，经过短短20多年的发展，我国的鲟鱼产业从无到有，且已形成集“品种—繁育—养殖—加工”完整的产业化链条，在鲟鱼生态养殖、鱼子酱与鱼肉深加工等领域独具特色，每年经济效益高达30亿元之巨。目前，我国已是世界养鲟大国，养殖产量达9.5万吨，占世界鲟鱼总产量的80%以上，鲟鱼子酱的年生产量可达50吨以上。我国鲟鱼的养殖品种丰富，多达十几余种，其中包括施氏鲟、西伯利亚鲟、俄罗斯鲟、达氏鳇、欧鳇、小体鲟和俄罗斯鲟等，但均为原种或野生驯养种，缺乏系统的选育培育过程，导致其养殖性状不稳定。自我国第一代人工养殖的鲟亲鱼达性成熟以后，鲟鱼的苗种市场上多以近亲繁殖的纯种苗种和无序杂交的杂交鲟苗种为主，其养殖性能下降，导致成活率低、生长速度慢、抗逆性差等问题，给养殖户带来巨大的经济损失。由于我国的鲟鱼产业发展速度迅速，鲟鱼良种培育方面的研究工作滞后于产业发展需求，尤其是鲟鱼良种缺乏的现状已成为制约鲟鱼发展的瓶颈问题。

达氏鳇、施氏鲟均为黑龙江流域特有的重要经济鱼类。其中，达氏鳇体型大、寿命长、怀卵量大，是我国鲟科鱼类中生长速度最快和性成熟年龄最长的品种。人工养殖状态下，达氏鳇存在产卵晚、性腺指数低，且个体生长变异幅度大等问题，养殖效果不佳。施氏鲟是我国第一个自主开发的鲟鱼养殖品种，其易驯养、产卵早，但个体生长速度显著低于达氏鳇。

针对上述问题，结合鲟鱼产业发展的需求，依据达氏鳇与施氏鲟各自特点，利用群体选育技术和杂交育种技术，培育出生长快、易驯养、性腺指数高的鲟鱼杂交新品种。

（二）育种过程

1. 亲本来源

（1）母本来源

原始野生亲本为黑龙江省抚远县国营渔场于1994年捕捞于黑龙江抚远江段，进行人工催产，繁殖及苗种培育，获得 F_1 代达氏鳇。课题组于1998年从黑龙江省抚远县国营渔场5 000尾4龄的 F_1 代达氏鳇（*Huso dauricus*）群体中，选择体表无伤、摄食旺盛的健康个体500尾，个体重13.5~15千克，其中雌鱼350尾，雄鱼150尾，群体中雄性占比为30%。将养殖个体分为3组平行管理，每组160尾标准化饲养，作为后备亲本的基础群体。基础群体在30千克、50千克和成熟期时按50%、50%和20%的淘汰率留取生长快、体型标准、身体健壮的个体，标记、记录体重后放入网箱内养殖，培育至性成熟。2002年选择性腺发育良好、体型大、身体健壮的10尾性成熟亲鱼生产 F_2 代。由这批亲本繁殖的后代在15千克（4龄）、30千克、50千克和成熟期时按90%、50%、50%和20%的淘汰率留取体型标准、体健个大，符合达氏鳇形态指标要求的个体，用作杂交鲟“鲟龙1号”苗种生产的母本。

（2）父本来源

原始野生亲本为抚远县国营渔场于1996年捕捞于黑龙江抚远江段，进行人工催产，繁殖及苗种培育，获得的 F_1 代施氏鲟。课题组于2000年从黑龙江省抚远县国营渔场5 000尾3龄的 F_1 代施氏鲟（*Acipenser schrenckii*）群体中，选择体表无伤、摄食旺盛的健康个体500尾，个体重3.5~5千克，其中雌鱼350尾、雄鱼150尾，群体中雄性占比为30%。将养殖个体分为3组平行管理，每组160尾标准化饲养，作为后备亲本的基础群体。基础群体在8千克、12千克和性成熟期时按50%、50%和20%的淘汰率留取生长快、体型标准、身体健壮的个体，标记、记录体重后放入网箱内养殖，培育至性成熟。

2003 年选择性腺发育良好、体型大、身体健壮的 15 尾性成熟亲鱼生产 F_2 代。由这批亲本繁殖的后代在 5 千克（4 龄）、8 千克、12 千克和成熟期时按 90%、50%、50%和 20%的淘汰率留取体型标准、体健个大，符合施氏鲟形态指标要求的个体，用作杂交鲟“鲟龙 1 号”苗种生产的父本。

2. 技术路线

黑龙江达氏鳇（*H. dauricus*）和施氏鲟（*A. schrenckii*）分属于鳇属和鲟属，其中达氏鳇体长梭形，歪尾，前端略粗，躯干部横切面呈五角形，向后渐细，腹部扁平。头呈三角形，吻较尖，头部腹面及侧面有许多梅花状的罗伦氏器。口下位，呈半月形。左右鳃盖膜相连，与峡部不相连。吻须 4 根，须基呈“品”字形。躯干部具有 5 行骨板，背中线 1 行，左右体侧各 1 行，左右腹部各 1 行。施氏鲟体呈长梭形，头呈三角形，吻尖，头顶部扁平。口下位较小，横裂，口唇具有在皱褶，形似花瓣；口的前方有触须 4 根横生并列，须的前方有若干疣状突起。左右鳃膜不相连接。达氏鳇与施氏鲟在生长性能、繁殖性能及抗逆性能等方面差异大，符合远缘杂交的亲本要求，因此采用群体选育与属间远缘杂交相结合的方法可培育出生长速度快、初次性成熟时间早、怀卵量大、易驯养的杂交鲟新品种。此外，经过 20 多年的发展，我国已建立人工养殖的达氏鳇与施氏鲟的 F_2 繁育群体。杂交鲟“鲟龙 1 号”的技术生产路线如图 1 所示。

3. 培育过程

1998—2010 年间，项目组通过对达氏鳇、施氏鲟的养殖特性、繁殖特性等方面的系统研究，建立了达氏鳇、施氏鲟人工繁殖 F_2 代的基础繁育群体；摸索了不同生态条件下、饵料营养的亲鱼培育和催产繁殖情况，掌握了亲鱼的营养需求和人工培育方法；探索了环境因子调控亲鱼性腺同步发育、繁殖周期控制等技术方法，制定了人工催产、孵化、苗种培育等技术规范；构建

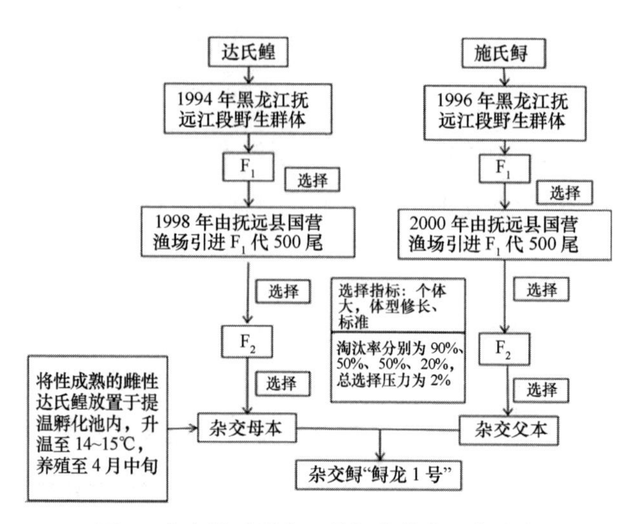

图 1　杂交鲟“鲟龙 1 号”的技术生产路线

了以达氏鳇、施氏鲟、西伯利亚鲟、小体鲟、俄罗斯鲟等鲟鱼为主的多个鲟鱼杂交组合，通过对其杂交子代生长性能、抗病力及繁殖性能等方面的比较研究，筛选出最优杂交优势的组合：达氏鳇♀×施氏鲟♂，即杂交鲟“鲟龙 1 号”。

由于达氏鳇、施氏鲟存在着属间特性和性腺成熟时间的差异，人工养殖条件下，达氏鳇的繁殖期晚于施氏鲟，达氏鳇的繁殖期为每年的 5 月中旬，而施氏鲟的繁殖期为 4 月中旬。如何使两种鲟鱼的性腺发育趋于同步，是本项目的关键技术。我们通过比较不同温度环境条件下两种鱼的性腺发育状况和繁殖特点，调整了达氏鳇、施氏鲟亲本的培育环境条件，使得达氏鳇的繁殖期提前，促使两种鱼的性腺发育时间趋于同步。

2009 年 4 月，室外水温升至 10℃后，采用人工配合饲料添加冰鲜杂鱼的方法强化培育 F_2 代繁育群体亲本至当年 10 月中旬。2009 年 10 月下旬对 F_2 代性成熟繁育群体亲本个体，进行性腺发育状况检查，记录后冰下越冬。2010 年 3 月，挑选体长 190 厘米、体重 90 千克以上，卵巢发育至Ⅳ期初，卵母细胞极化指数 PI≤0.18、健康活泼的达氏鳇亲本，将其由室外的水泥越冬池塘转移至可提温孵化车间内，放养密度为20～25千克/米^2，每天升温1℃，升温至14～15℃，养殖20～25天后，检查卵母细胞的极化指数PI≤0.1，即可作为母本用于杂交鲟“鲟龙1号”种苗生产。

拟用于2010年繁殖生产的雄性施氏鲟于2010年4月上旬，检查其精巢的发育状况，选取体长140厘米、体重20千克以上，体型好、健康活泼的个体，转移至室内提温车间的亲鱼培育池内，放养密度为20～25千克/米^2，养殖3～5天，即作为父本用于杂交鲟“鲟龙1号”种苗生产。

采用人工催产的方法，进行杂交鲟“鲟龙1号”苗种生产。先用激素第一次注射催熟达氏鳇，12小时后进行第二次注射催产，施氏鲟催产与达氏鳇第二次催产同时进行。采用人工授精的方法获得受精卵，催产后先每3小时采集施氏鲟精液1次，将精液保存在0～4℃冰箱内，达氏鳇产卵后，先检查精液质量，每1千克卵加精液10毫升，人工授精的受精卵放入孵化器中，获得杂交F_1代，将其命名为杂交鲟“鲟龙1号”。2010年4月课题组应用此技术，成功生产杂交鲟“鲟龙1号”鱼苗32万尾。其他场家应用本技术生产杂交鲟“鲟龙1号”鱼苗126万尾。随后进行了鱼种培育和成鱼养殖试验，对养殖过程中杂交鲟“鲟龙1号”的开口驯养成活率、生长和成活率进行了观察研究，试验结果显示：杂交鲟“鲟龙1号”适应性强、经人工驯食后可全程投喂配合饲料进行人工养殖，当年鱼花经9～10个月的养殖即可达商品规格。

（三）品种特性和中试情况

1. 品种特性

杂交鲟“鲟龙1号”的优点主要有以下几点：

（1）生长快、易驯养

在相同养殖条件下，1龄杂交鲟“鲟龙1号”的体重生长较父本施氏鲟平均快19.1%，4龄杂交鲟“鲟龙1号”的生长速度较父本施氏鲟平均快

90.3%。苗种期成活率较母本达氏鳇高17%。

（2）性腺指数高

7龄雌性杂交鲟的性腺指数（GSI）平均值为15.13，比施氏鲟提高了2.44，比达氏鳇提高了3.93。

（3）卵巢发育早

6龄时雌性杂交鲟“鲟龙1号”与施氏鲟的卵母细胞发育时期以Ⅳ时相为主，而达氏鳇的卵母细胞发育时期以Ⅲ时相为主，较达氏鳇卵巢发育早。

预计杂交鲟“鲟龙1号”在全国各地都有良好的推广应用前景，将很大程度上推动我国鲟鱼产业跨上一个新台阶。

2. 中试情况

2012—2014年，杂交鲟分别在江西省九江市（网箱养殖）、湖北省宜昌市（网箱养殖）、浙江省衢州市（流水养殖）、北京市（流水养殖）进行了中间试验示范养殖，具体试验结果表1。

中间试验分为网箱和流水池塘两种养殖模式。

（1）网箱

杂交鲟“鲟龙1号”网箱养殖放养30~40克的大规格鱼种，25~30尾/米^2，养殖周期7个月，出箱规格700~850克/尾（九江市、宜昌市），详细结果见表1。

表1　杂交鲟“鲟龙1号”的中试示范养殖情况（部分结果）

年份	养殖面积（亩）	放养密度（尾/米^2）	鱼种规格（克/尾）	出塘规格（克/尾）	单位产量（千克/亩）	平均增产率（%）
2012	北京（160）	50	1.23±0.24	516.72±25.6	5 336	24.6
	衢州（170）	50	1.09±0.22	652.6±46.22	5 885	28.2
	九江（15）	30	32.15±3.26	784.25±56.35	12 973	33.2
	宜昌（16.5）	30	31.26±4.25	722.52±49.41	12 628	35.3

续表

	养殖面积（亩）	放养密度（尾/米^2）	鱼种规格（克/尾）	出塘规格（克/尾）	单位产量（千克/亩）	平均增产率（%）
2013	北京（180）	45	1.42±0.26	521.26±23.4	5 469	26.5
	衢州（170）	43	1.35±0.36	601.39±55.28	5 588	24.8
	九江（18）	26.5	35.2±2.75	817.51±42.36	13 291	31.1
	宜昌（19.5）	28	32.22±3.08	742.62±71.28	12 525	32.5
2014	北京（175）	40	1.66±0.32	523.47±24.5	5 709	27.7
	衢州（170）	38	1.58±0.27	707.27±67.41	6 403	22.1
	九江（22.5）	26	328.13±4.16	751.54±56.43	12 255	37.2
	宜昌（21）	27	36.21±3.87	831.55±64.37	13 694	36.5

（2）流水养殖

连续3年的混养中间试验在北京佳源长兴冷水鱼养殖专业合作社、北京北水华通鲟鱼繁育有限责任公司等和浙江省衢州市柯城耀富水产养殖场等完成。采取流水池塘养殖模式，5月放养1~2克的小规格苗种40~50尾/米^2，养殖至翌年2月上市，养殖周期10个月，出塘规格500~750克/尾。

二、人工繁殖技术

（一）亲本选择与培育

1. 母本的来源与选育

母本：原始野生亲本为黑龙江省抚远县国营渔场于1994年捕捞于黑龙江抚远江段，进行人工催产、繁殖及苗种培育，获得F_1代达氏鳇。课题组于1998年从黑龙江省抚远县国营渔场5 000尾4龄的F_1代达氏鳇（*Huso dauricus*）群体中，选择体表无伤、摄食旺盛的健康个体500尾，个体重13.5~

15千克，其中雌鱼350尾、雄鱼150尾，群体中雄性占比为30 %。将养殖个体分为3组平行管理，每组160尾标准化饲养，作为后备亲本的基础群体。基础群体在30千克、50千克和成熟期时按50%、50%和20%的淘汰率留取生长快、体型标准、身体健壮的个体，标记、记录体重后放入网箱内养殖，培育至性成熟。2002年选择性腺发育良好、体型大、身体健壮的10尾性成熟亲鱼生产F_2代。由这批亲本繁殖的后代在15千克（4龄）、30千克、50千克和成熟期时按90%、50%、50%和20%的淘汰率留取体型标准、体健个大，符合达氏鳇形态指标要求的个体，用作杂交鲟“鲟龙1号”苗种生产的母本。

生长对比：为评估母本达氏鳇F_1代和F_2代的选育效果，在选育过程中同时开展了选育系与非选育系生长对比试验。2002—2010年共开展两次对比试验。生长对比采用流水池塘养殖方式进行，同塘养殖。养殖环境一致，养殖密度、饲料质量及投喂量均一致。设置3个平行组。非选育系的生长数据测量同选育系。非选育系与选育系的对比数据见表2和表3。

表2　流水池塘养殖母本达氏鳇选育系与非选育系生长的对比研究

养殖天数	对比项目	选育系2002		选育系2010		非选育系2002		非选育系2010	
		体长（厘米）	体重（克）	体长（厘米）	体重（克）	体长（厘米）	体重（克）	体长（厘米）	体重（克）
30天	平均值	5.64	1.32	5.69	1.35	5.54	1.11	5.56	1.09
	标准差	0.84	0.16	0.79	0.15	0.93	0.21	0.89	0.19
	变异系数	14.89	12.13	13.88	11.11	16.78	16.53	16.00	17.43
180天	平均值	34.54	137.98	35.42	140.19	30.76	115.77	32.12	117.69
	标准差	2.29	12.69	2.19	12.57	2.51	14.15	2.42	14.22
	变异系数	6.62	9.19	6.18	8.96	8.16	12.22	7.53	12.08
300天	平均值	42.25	467.35	42.76	469.56	37.26	392.11	37.31	394.32
	标准差	3.47	42.21	3.42	52.88	3.69	58.87	3.67	59.19
	变异系数	8.21	9.03	8.01	11.26	9.90	15.01	9.84	15.01

性腺指数对比：为评估母本达氏鳇的选育效果，在选育过程中同时开展了选育系与非选育系性腺指数对比试验。养殖环境一致，养殖密度、饲料质量及投喂量均一致。非选育系的生长数据测量同选育系。非选育系与选育系的对比数据见表3。

表3　母本达氏鳇选育系与非选育系性腺指数（GSI）的对比研究

养殖年龄	对比项目	选育系2002性腺指数	非选育系2002性腺指数
8	平均值	11.15	9.81
	标准差	1.36	1.56
	变异系数	12.19	15.90

经过2代的选育和测量，达氏鳇亲本的生长速度有了一定的提高，变异系数进一步降低。经过300天流水池塘的养殖，选育系达氏鳇平均体重达到470克左右，比2010年的非选育系提高约19.1%，体重变异系数由15.01降至11.26。经过8年的网箱养殖，选育系达氏鳇的平均性腺指数为11.15以上，比非选育系提高约13.66%，变异系数由15.90降至12.19，可以进行杂交鲟生产。

2. 父本的来源与选育

父本：原始野生亲本为抚远县国营渔场于1996年捕捞于黑龙江抚远江段，进行人工催产，繁殖及苗种培育，获得的F_1代施氏鲟。课题组于2000年从黑龙江省抚远县国营渔场5 000尾3龄的F_1代施氏鲟（*Acipenser schrenckii*）群体中，选择体表无伤、摄食旺盛的健康个体500尾，个体重3.5~5千克，其中雌鱼350尾，雄鱼150尾，群体中雄性占比为30%。将养殖个体分为3组平行管理，每组160尾标准化饲养，作为后备亲本的基础群体。基础群体在8千克、12千克和性成熟期时按50%、50%和20%的淘汰率留取生长快、体型标准、身体健壮的个体，标记后放入网箱内养殖，培育至性成熟。2003年选择性腺发育良好、体型大、身体健壮的15尾性成熟亲鱼生产 F_2 代。由这批亲本繁殖的后代在5千克（4龄）、8千克、12千克和成熟期时按90%、50%、50%和20%的淘汰率留取体型标准、体健个大，符合施氏鲟形态指标要求的个体，用作杂交鲟“鲟龙1号”苗种生产的父本。

生长对比：为评估父本施氏鲟 F_1 代和 F_2 代的选育效果，在选育过程中同时开展了选育系与非选育系生长对比试验。2003—2010年共开展两次对比试验，设3个平行组。非选育系的生长数据测量同选育系。非选育系与选育系的对比数据见表4。

表4 父本施氏鲟选育系与非选育系生长的对比研究

养殖天数	对比项目	选育系2003		选育系2010		非选育系2003		非选育系2010	
		体长（厘米）	体重（克）	体长（厘米）	体重（克）	体长（厘米）	体重（克）	体长（厘米）	体重（克）
30天	平均值	5.17	1.21	5.25	1.26	4.96	1.14	5.04	1.09
	标准差	0.77	0.18	0.74	0.16	0.95	0.21	0.92	0.25
	变异系数	14.89	14.87	14.09	12.69	19.15	18.42	18.25	13.15
180天	平均值	33.25	123.66	33.15	124.79	29.69	106.29	29.24	104.87
	标准差	2.34	12.45	2.32	12.32	2.66	14.52	2.53	14.69
	变异系数	7.03	10.07	7.05	9.87	8.96	13.66	8.65	14.07
300天	平均值	41.23	437.54	41.35	442.68	36.92	375.4	37.64	394.32
	标准差	3.49	37.12	3.43	35.56	3.62	47.76	3.51	45.59
	变异系数	8.46	8.48	8.29	8.03	9.80	12.72	9.32	11.56

经过连续两代的选育，施氏鲟的生长速度有所提高，性状稳定，变异率低。经过300天养殖，施氏鲟选育系的平均体重达到442克左右，比2010年的非选育系提高12.3%，体重与体长变异系数分别为8.03与8.29，符合理想的优良亲本特征。

（二）人工繁殖

2010年4月，当水温达到14~15℃，检查亲鱼的性腺发育情况，选择经2代选育的9龄以上，鱼体长190厘米、体重90千克以上，性腺发育良好的雌性达氏鳇作为母本，选择体长140厘米、体重20千克以上，经连续2代选育的雄性施氏鲟为父本。采用人工催产的方法，先用LRH-A_2（1~1.5微克/千克）第一针催熟达氏鳇，12小时后进行LRH-A_2（3~4微克/千克）第二次注射催产，施氏鲟的催产LRH-A_2（3~4微克/千克），与达氏鳇第二次催产同时进行。催产后采用人工授精的方法获得受精卵，催产后先每3小时采集施氏鲟精液1次，将精液保存在0~4℃冰箱内，达氏鳇产卵后，先检查精液质量，采用干法授精，每1千克卵加精液10毫升，人工授精的受精卵放入孵化器中，获得杂交F_1（即杂交鲟“鲟龙1号”）受精卵50万余粒，经孵化、苗种人工开口驯养共获得3~5厘米苗种23万余尾（图1）。

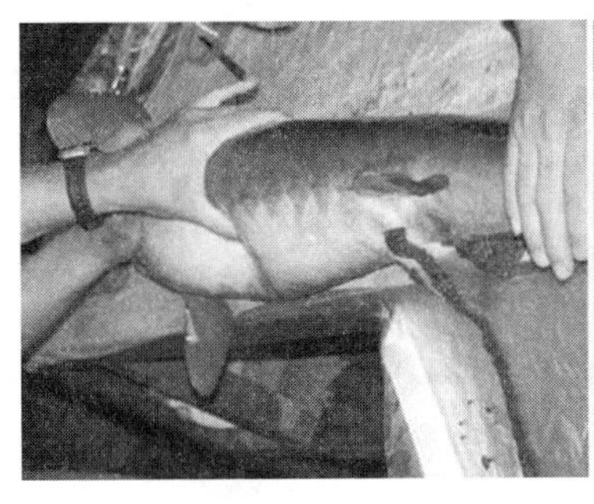
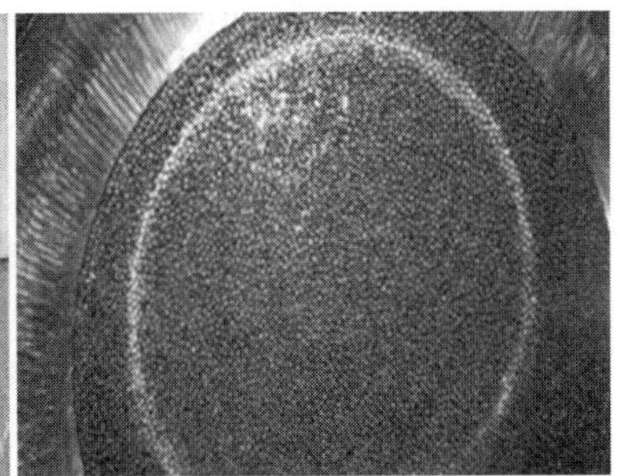

图1　人工授精

（三）苗种培育

整个幼苗人工配合饲料驯养阶段包括，活饵开口阶段（7天）；软颗粒饲料与活饵交替投喂阶段（10~14天）；软、硬颗粒饲料交替投喂阶段（21

天）；全价颗粒饲料投喂阶段。驯化期间根据进食情况及时调整饵料种类并筛选分缸培育。

① 将鲟仔鱼放入经消毒的圆形玻璃钢槽，玻璃钢槽的直径为 2 米，高为 40 厘米，保持水深 25~30 厘米。受精卵孵化后，仔鱼暂养至沉底、聚群至逐步分散游动状态后，同时仔鱼肠道黑色色素栓部分排出体外，可以进行仔鱼开口驯化；破膜仔鱼放养密度：5 000~7 000 尾/米^2。

② 仔鱼经暂养期后，采用活饵（剁碎的水蚯蚓）进行仔鱼开口培育，每天投喂 8 次，投喂量以饱食且略有剩饵为准；培育过程中及时清除死苗及残物。开口培育 7 天。投喂量投喂 20 分钟后还有少量残饵。

③ 仔鱼开口培育 7 天后，进行软颗粒料诱食开口 2 天。软颗粒料的制备：将直径≤0.5 毫米的配合饲料（0 号粉料）少量拌入碎水蚯蚓（水蚯蚓：0 号粉料=20：1）投喂，诱导仔鱼摄食，每天投喂 8 次。开口放养密度 2 500~3 000 尾/米^2。

④ 仔鱼经配合饲料诱食 2 天后，正式开始软颗粒饲料与活饵交替驯化，驯化时间 14 天。每天投喂软颗粒饲料（活饵中拌入配合饲料。活饵：配合饲料为 20：1）4 次，每天投喂量为鱼苗体重的 7%~8%；投喂活饵 4 次，与软颗粒料交替投喂，活饵投喂量（投喂 20 分钟后还有少量残饵）。

⑤ 软、硬颗粒饲料交替投喂阶段（21 天），每天投喂软颗粒饲料（活饵中拌入配合饲料。活饵：配合饲料为 15：1）4 次，每天投喂量为鱼苗体重的 7%~8%；投喂硬颗粒饲料 4 次，与软颗粒料交替投喂，硬颗粒饲料投喂量 5%~6%；硬颗粒饲料制作：0 号粉料拌入半碎蚯蚓室温阴干制成（活饵匀浆后喷洒在颗粒粉料上，室温阴干备用）。

⑥ 全价颗粒饲料投喂阶段，调整鱼苗密度为每个圆形玻璃钢槽 1 000~1 500尾/米^2。每天投喂硬颗粒饲料 6 次，投喂量为鱼苗体重的 5%~6%。

三、健康养殖技术

（一）健康养殖模式和配套技术

1. 流水养殖模式（图2）

根据预期商品鱼出塘规格和养殖周期确定放种规格和密度，投喂鲟鱼专用配合饲料。流水池塘为长方形或圆形，或是内玻璃缸流水养殖。4—5月，水温15℃左右。放养密度为20~30克的鱼种30尾/米^2，鱼种放养前用3%的食盐水清洗消毒。

图2　流水养殖模式

在高密度流水养殖条件下鲟鱼要求饵料为全价颗粒饵料。养殖前期可用蛋白量稍高的饵料，粗蛋白43%以上。饲养前期，选用颗粒饲料直径为2.5~3毫米的配合饵料；饲养后期，选用颗粒饲料直径为4.5~5毫米的配合饵料。投喂量根据水温、鱼体规格、生长情况和摄食情况灵活掌握，一般不超过鱼体重的4%。日投饵3次，鲟鱼有夜间觅食习性，夜间可投喂1次；以八成饱为好，做到定时、定质、定量的原则投喂。

每个月抽样检查鲟鱼的生长情况，测量其体长与体重并做好记录。根据生长情况及鱼的大小而适时调整养殖密度。及时清污，5~7 天对养殖池进行一次清洗工作。夏季应及时在鱼池上方搭遮阳网，防止太阳曝晒造成水温过高。在雨季要关注天气变化和加强晚间巡塘，及时掌握鱼类的活动、摄食及病害等情况，根据天气和鱼类摄食及鱼的体重情况调整每天的投饵量。

2. 网箱养殖模式（图 3）

网箱应设在避风向阳、水质清新无污染、水流缓慢、水位稳定、底部平坦的水域。要求水底无大的障碍物、水深大于 6 米。网箱为双层全封闭长方形六面体，内层用无结节网片缝合而成，外层用聚乙烯网线织成。网箱面积一般为 36~100 平方米，网目 3 厘米，常用的规格为 6 米×6 米×6 米。网箱提前一周下水。

图 3　网箱养殖

4—5 月，水温 15℃左右。每只网箱 1 200 尾，规格 100~150 克。苗种放养前需经过挑选，选择体表完整，无病无伤，体质健壮，活动能力强的幼鱼，放养在同一箱幼鱼规格要求严格一致。同时，挑选好的幼鱼在入箱前用高锰酸钾或食盐水浸浴消毒。

投喂的全价配合鲟鱼专用饲料，饲料粗蛋白含量43%以上，成分以动物性蛋白为主。同时投喂饲料做到定时、定点、定质、定量。根据鲟鱼不同的成长阶段及水温变化设定不同投喂量，在鲟鱼生长中期，规格在500~750克，并且水温在23℃左右投喂量最大，一般在2.5%左右，其他时期递减至0.7%左右。

（二）主要病害防治方法

1. 细菌性肠炎病

（1）病原菌

点状产气单胞杆菌。

（2）主要症状

病鱼肛门红肿，鱼体消瘦，轻压腹部有黄色脓液从肛门流出，解剖时，可以发现肠壁充血，弹性差，无食物，内有淡黄色黏液。

（3）流行情况

常见于夏季高温时节，多见于苗种养殖。

（4）治疗方法

成鱼可用漂白粉挂袋消毒处理，口服大蒜素等抗菌药饵，大蒜素用量每千克饲料2~3克，疗程7天，长期使用可以起到预防作用。苗种可用氯、碘制剂消毒，内服氟苯尼考50毫克每千克鱼体重，疗程3~5天。

2. 红嘴病

（1）病原菌

嗜水气单胞菌。

（2）症状

嘴部肿大，四周充血，口腔不能活动自如，进食能力差，肛门红肿，有时伴有水霉病发生，游动能力减弱。

（3）流行情况

多见于夏季高温季节的西伯利亚鲟，特别是产后亲鱼或受应激较大的亲鱼如经过运输等。

（4）治疗方法

注射水产用青霉素钠效果良好。另外，在日常管理中，应及时清除养殖池中的残饵，定期对饵料台进行清理，发现病鱼及时捞出以免交叉感染，还可以通过降低水温（水温在20℃以下），控制发病。

3. 败血病

（1）病原菌

点状产气单胞菌。

（2）症状

病鱼吃食量迅速下降，体表充血，肛门红肿。剖检腹腔内有淡红色混浊腹水，肝脏肿大呈土黄色，肠膜、脂肪、生殖腺及腹壁上有出血斑点，肠内多无食物，肠壁及中肠以后部位螺旋瓣充血，后肠充满泡沫状黏液物质。

（3）流行情况

常见夏季高温时节。

（4）治疗方法

可以通过药敏实验选出合适的抗生素，拌药饵加以控制疾病。从预防的角度来说，应定期在饲料中添加维生素C和维生素E，以增强鱼体的抗病力。

4. 烂鳃病

（1）病原菌

弧菌或假单胞菌。

（2）症状

病鱼体表发黑，鳃充血，鳃丝呈白色、浮肿、腐烂，并附着有黏液，严重时部分被腐蚀成不规则小洞，常伴随有浮头现象。

（3）流行情况

多发生于高温时节，水环境较差时，或与其他疾病并发。

（4）治疗方法

及时降低养殖密度，减少发病数量，对于病鱼实行隔离治疗，用1毫克/升的二氧化氯消毒3天。

5. 疥疮病

（1）病原菌

点状产气单胞菌。

（2）症状

病鱼病灶部位肌肉组织长脓疮，隆起并出现红肿，抚摸有浮肿的感觉，脓疮内部充满脓汁。

（3）流行情况

常见受伤部位或是注射部位。

（4）治疗方法

加强水质监测，增强鱼体抗病能力，发现病鱼时，可用注射器将脓疮内部的浓汁抽出，帮助排毒，涂抹红药水，可辅助病鱼康复。

6. 性腺溃烂病

（1）病原菌

嗜水气单胞菌。

（2）症状

性腺溃烂，生殖孔附近出现小孔，颜色发生变化，性腺脱落至体外，生殖孔有粉色脓血液流出，直至病鱼死亡。

（3）流行情况

常见产后的雌性亲鱼。

（4）治疗方法

人工催产过程中，注射水产用青霉素钠。适当操作，减少鱼体损失，并通过水质及营养调控，加强产后亲鱼护理，可降低产后亲鱼死亡率。

7. 水霉病

（1）病原菌

水霉属和绵霉属真菌。

（2）症状

鱼体冻伤或受伤后经病原菌感染，伤处滋生大量絮状水霉。

（3）流行情况

常见春季初，水温上升期。

（4）治疗方法

对于发病较轻的鱼体，人工擦拭掉鱼体表的水霉，用亚甲基蓝涂抹患处，然后用2%食盐水消毒，或五倍子预防与治疗。可提高养殖水位（1米以上）的池子或盖保温棚，避免冬季冻伤，预防水霉发生。

8. 小瓜虫病

（1）病原

小瓜虫。

（2）症状

肉眼观察可见病鱼鳃部与背鳍等部位有白色点或片状斑块，鳃丝和鳍条处较多。

(3) 流行情况

常见于春季或秋季的河水苗种培育过程中。

(4) 治疗方法

提高养殖水温至25℃以上，或福尔马林浸泡。

9. 车轮虫病

(1) 病原

车轮虫。

(2) 症状

鱼体消瘦，游泳能力低下，不摄食，当鱼体和鳃耙上数量过多时直接影响生长，严重时造成苗种大量死亡。

(3) 流行情况

常见苗种培育阶段。

(4) 治疗方法

病鱼用2%~3%食盐水或1毫克/升的硫酸铜浸泡1小时。

10. 气泡病

(1) 病因

水中氮气或氧气过饱和，致使鱼体内形成微气泡，或汇聚成大气泡。

(2) 症状

病鱼游动能力下降、上浮、贴边，解剖肉眼可见肠内有许多小气泡，胃内有气泡。

(3) 治疗方法

将有气泡病的鱼体捞出，集中放置，降低密度，关掉气泵，减少投喂，用1%~2%食盐水消毒。

四、育种和种苗供应单位

（一）育种单位

1. 中国水产科学研究院黑龙江水产研究所
地址和邮编：黑龙江省哈尔滨市道里区河松街232号，150070
联系人：张颖
电话：13936298957
2. 杭州千岛湖鲟龙科技股份有限公司
地址和邮编：浙江省衢州市柯城区衢化街道学院路600号，324000
联系人：夏永涛
电话：18967002058
3. 中国水产科学研究院鲟鱼繁育技术工程中心
地址和邮编：北京市丰台区科学城星火路10号A座102室，100070
联系人：刘晓勇
电话：13701312641

（二）种苗供应单位

1. 杭州千岛湖鲟龙科技股份有限公司
地址和邮编：浙江省衢州市柯城区衢化街道学院路600号，324000
联系人：夏永涛
电话：18967002058
2. 中国水产科学研究院鲟鱼繁育技术工程中心
地址和邮编：北京市丰台区科学城星火路10号A座102室，100070
联系人：刘晓勇

电话：13701312641

（三）编写人员名单

张颖，孙大江，王斌，夏永涛，吴伟，许式见，刘晓勇

长珠杂交鳜

一、品种概况

（一）培育背景

鳜种苗繁育主要基于传统的生殖操作，由于缺乏对亲本的种质改良，导致亲本个体间的亲缘关系非常近，过度近交导致种质退化，鳜生长性能、抗逆抗病性能受到影响。据统计，目前养殖普通鳜个体的生长性状平均下降20%~30%，抗逆性差，养殖平均成活率仅60%左右。由于鳜的养殖主要依赖活饵料鱼饲喂，4~5的饵料系数及近3：1饵料鱼与鳜的养殖配套面积，使得鳜产业发展对活饵料鱼的依存度非常高，养殖成本不断提高，造成生物和土地资源不能高效利用。

就斑鳜而言，尽管近年斑鳜的市场需求逐年扩大，养殖斑鳜较翘嘴鳜经济效益高。但斑鳜原种在养殖条件下生长速度慢，养殖周期长（从苗到500克至少两年），滞阻了其在养殖产业中发展，无法满足市场的需求。

此外，近年来鳜种苗生产中种苗畸形率升高，达到近30%，说明鳜种苗业迫切需要通过遗传操作突破产业发展的技术瓶颈，提升种苗的质量和生长、抗逆性状，降低饵料系数，提高鳜产业的综合效益，推动鳜种苗产业的可持续发展。

针对市场对养殖斑鳜品种的需求。在对父本斑鳜和母本翘嘴鳜进行群体选育的基础上利用杂交制种的方法产生杂交子一代，使杂交种兼具似父本（斑鳜）体型、体色、品质优良及母本（翘嘴鳜）生长快等的优良性状，达到明显地提高杂交斑鳜的生长性能，降低饵料系数（较斑鳜），缩短养殖周期的效果，为养殖斑鳜提供优良品种。

（二）育种过程

1. 亲本来源

（1）母本：翘嘴鳜（*Siniperca chuatsi*）

源于洞庭湖捕捞的野生翘嘴鳜鱼苗，经湖南省水产原种场培育后达到性成熟的翘嘴鳜原种；构成翘嘴鳜选育的原始群体。

（2）父本：斑鳜（*Siniperca scherzeri*）

源于珠江流域广西富川县龟石水库捕捞的野生斑鳜成鱼；构成斑鳜选育的原始群体。

2. 亲本引进与基础群体建立

（1）翘嘴鳜亲本引进与基础群体的建立

2009—2010 年间，从湖南省水产原种场引进性成熟的翘嘴鳜原种共计 560 尾。依据翘嘴鳜种质标准中体重、体长、体高等数据，在原始群体中通过择优选留体健、个体大、体色鲜明个体，共计 503 尾作为选育的基础群体，原始群体的选择率约 90%。

（2）斑鳜亲本引进与基础群体的建立

2010—2011 年，从珠江流域广西富川县龟石水库捕捞的野生斑鳜群体的成鱼 874 尾。依据斑鳜实测原始群体中个体的体重、体长、体高等数据，在原始群体中通过择优选留体健、个体大、体色鲜明个体，共计 700 尾作为选育的基础群体，原始群体的选择率约 80%。

3. 逐代育种经历

（1）母本翘嘴鳜选育

在广东翘嘴鳜一年可达性成熟。从2010年开始至今，每年繁殖一代。翘嘴鳜经四代选育，生长性状基本稳定。此后，每年均在上一代群体中优选生长性状好的个体进行群繁，循环更新选育群体。同时，保留上一代选育群体。具体操作过程见图1。

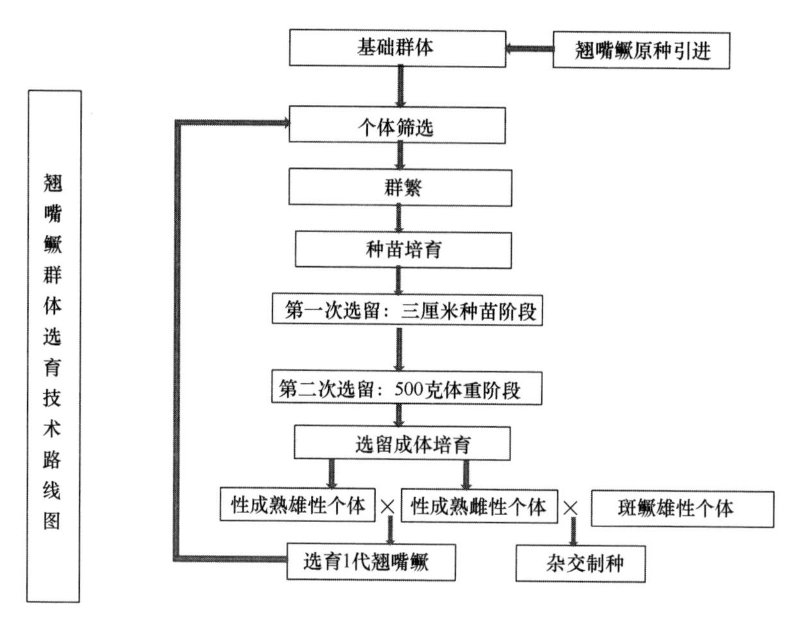

图1 翘嘴鳜群体选育技术路线图

① F_1 代亲本选育

利用择优选择的性成熟同步的基础群体中的166组亲本，采用人工催产、自然受精的方法进行群繁，并在获得水花中随机选择共计28万尾进行培育。

一次筛选：在苗种培育的夏花阶段，体长约3厘米时，通过过筛选择体型、体色符合种质要求、鱼体健康、生长性状好的个体。选择率约为50%。

二次筛选：在鱼种培育到规格为体重600克/尾左右（7月龄）时，选择体型、体色符合种质要求、鱼体健康、生长性状好的翘嘴鳜个体，共选留成鱼800尾。选择率约为2.38%。

② F_2代亲本选育

以选留的F_1代翘嘴鳜群体为亲本，利用择优选择的性成熟同步的F_1群体中的186组亲本，采用人工催产、自然受精的方法进行群繁，并在获得水花中随机选择共计22万尾进行培育。

在种苗及成鱼阶段进行二次筛选。依F_1代选择方法，按体型、体色符合种质要求、鱼体健康、生长性状好的翘嘴鳜个体选择标准；经二次筛选后共选留800尾成鱼。选择率约为3.03%。

③ F_3代亲本选育

以选留的F_2翘嘴鳜群体为亲本，利用择优选择的性成熟同步的F_2群体中的215组亲本，采用人工催产、自然受精的方法进行群繁，并在获得水花中随机选择共计30万尾进行培育。

在种苗及成鱼阶段进行二次筛选。依F_1代选择方法，按体型、体色符合种质要求、鱼体健康、生长性状好的翘嘴鳜个体选择标准；经二次筛选后共选留700尾成鱼。选择率约为1.94%。

④ F_4代亲本选育

以选留的F_3翘嘴鳜群体为亲本，利用择优选择的性成熟同步的F_3群体中的232组亲本，采用人工催产、自然受精的方法进行群繁，并在获得水花中随机选择共计40万尾进行培育。

在种苗及成鱼阶段进行二次筛选，依F_1代选择方法，按体型、体色符合种质要求、鱼体健康、生长性状好的翘嘴鳜个体选择标准；经二次筛选后共选留800尾成鱼。选择率约为1.67%。

⑤ 翘嘴鳜育种效果

经过4代的群体选育，体重、体长性状指标逐年提高并已稳定，且表现出生长快速的优良性能（表1）。翘嘴鳜选育系F_4代与F_1代对照系对比，平均体重增长18.4%，平均体长提高了7.5%，体重、体长的变异系数趋小，整齐度明显提高。F_4代为已作为长珠杂交鳜制种扩繁用的母本群体。

表1　翘嘴鳜群体选育生长性状均值表（$n=30$）

代数	选留数量（尾）	7月平均体重（克）	体重变异系数	7月龄平均体长（厘米）	体长变异系数
QF_1	800	515.1±150.5	0.292	26.5±3.2	0.121
QF_2	800	534.3±141.2	0.264	26.8±3.0	0.111
QF_3	700	579.3±137.2	0.237	27.8±2.7	0.097
QF_4	800	610.3±142.2	0.233	28.5±2.5	0.087

（2）父本斑鳜的群体选育

斑鳜在广东初次达到性成熟需两年，因此选育过程为每两年繁育一代。从2011年开始至今，斑鳜已群体选育至二代，生长性状基本稳定。此后，每年均在上一代群体中优选生长性状好的个体进行群繁，循环更新选育群体。同时，保留上一代选育群体。具体操作过程见图2。

① F_1代亲本选育

利用择优选择的性成熟同步的基础群体中的165组亲本，采用人工催产、自然受精的方法进行群繁，并在获得水花中随机选择共计10万尾进行培育。

一次筛选：在苗种培育的夏花阶段，体长约3厘米时，通过过筛选择体型、体色符合种质要求、鱼体健康、生长性状好的个体。选择率约为50%。

二次筛选：在鱼种培育到规格为130克左右（7月龄）时，选择体型、体色符合种质要求、鱼体健康、生长性状好的斑鳜个体700尾，选择率约

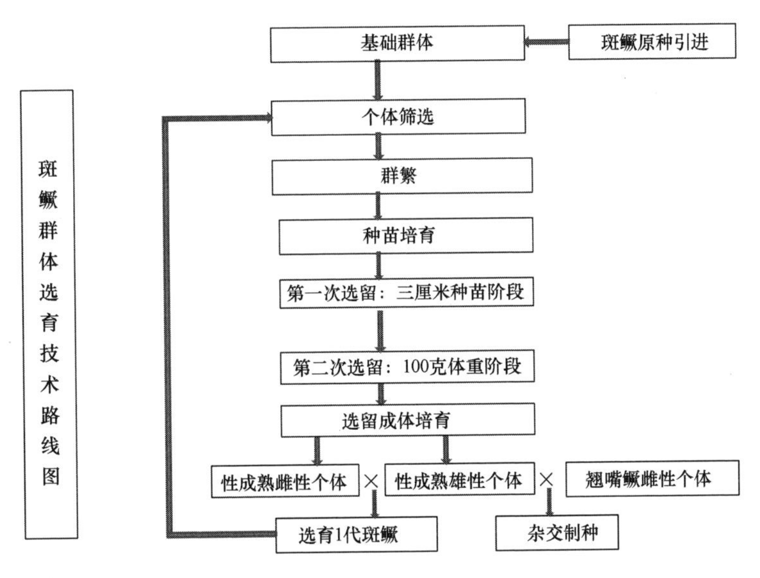

图 2　斑鳜群体选育技术路线图

为 5.83%。

② F_2 代亲本选育

以选留的 F_1 代斑鳜群体为亲本，利用择优选择的性成熟同步的 F_1 群体中的 250 组亲本，采用人工催产、自然受精的方法进行群繁，并在获得水花中随机选择共计 15 万尾进行培育。

在种苗及成鱼阶段进行二次筛选，依 F_1 代选择方法，按体型、体色符合种质要求、鱼体健康、生长性状好的斑鳜个体选择标准；经二次筛选后共选留 750 尾成鱼进行培育。选择率约为 4.16%。

③ 斑鳜育种效果

经过 2 代的群体选育，体重、体长性状指标逐年提高并已稳定，且表现出生长快速的优良性能（表 2）。斑鳜选育系 F_2 代与 F_1 代对照系对比，平均体重增长 19.5%，平均体长提高了 8.7%，体重体长的变异系数趋小，整齐度明显提高。F_2 代已作为长珠杂交鳜制种扩繁用的父本群体。

表 2　斑鳜群体选育生长性状均值表（$n=30$）

代数	7月龄平均体重（克）	体重变异系数	7月龄平均体长（厘米）	体长变异系数
BF_1	135.2±29.8	0.220	20.6±1.4	0.068
BF_2	161.6±28.5	0.176	22.4±1.3	0.058

4. 长珠杂交鳜的繁育（图 3）

（1）2010 年长珠杂交鳜的繁育

2010 年，挑选 2009 年从湖南引进的翘嘴鳜（HQ）♀和 2010 年引进的珠江斑鳜（ZB）♂进行长珠杂交鳜繁育。获杂交鳜（2010ZJQB）水花 20 万尾，培育至 3 厘米成活率为 15.8%。

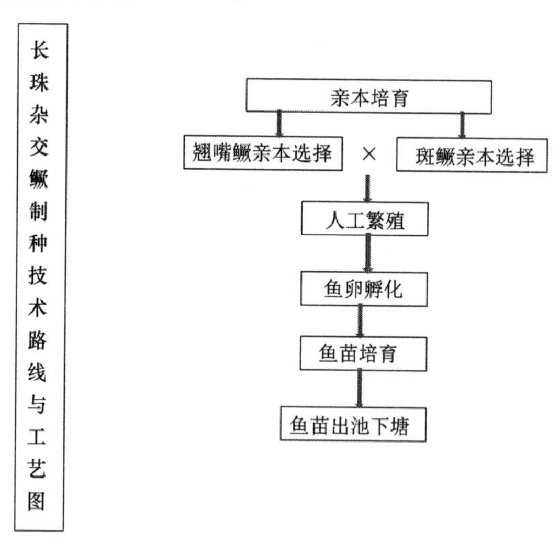

图 3　长珠杂交鳜制种技术路线与工艺图

（2）2011 年长珠杂交鳜的繁育

2011 年，利用选育的 F_1 代翘嘴鳜（QF_1）♀ 与珠江野生斑鳜（ZB）♂ 进行长珠杂交鳜繁育。获杂交鳜（2011ZJQB）水花 40 万尾，培育至 3 厘米成活率为 44.5%。

（3）2012 年长珠杂交鳜的繁育

2012 年，利用选育的 F_2 代翘嘴鳜（QF_2）♀ 与选育的 F_1 代斑鳜（BF_1）♂ 进行长珠杂交鳜繁育。获杂交鳜（2012ZJQB）水花 28 万尾，培育至 3 厘米成活率为 46.3%。

（4）2013 年长珠杂交鳜的繁育

2013 年，利用选育的 F_3 代翘嘴鳜（QF_3）♀ 与选育的 F_1 代斑鳜（BF_1）♂ 进行长珠杂交鳜繁育。获杂交鳜（2013ZJQB）水花 18 万尾，培育至 3 厘米成活率为 50.6%。

（5）2014 年长珠杂交鳜的繁育

2014 年，利用选育的 F_4 代翘嘴鳜（QF_4）♀ 与选育的 F_2 代斑鳜（BF_2）♂ 进行长珠杂交鳜繁育。获杂交鳜（2014ZJQB）水花 28 万尾，培育至 3 厘米成活率为 53.8%。

（6）长珠杂交鳜育种效果测试

长珠杂交鳜已经过 5 代繁养殖测试。遗传了母本翘嘴鳜的快速生长性能和父本斑鳜的体型和体色的特征，表现了生长快速、抗逆性强、成活率高等特点（表 3）。

在 2013 年和 2014 年养殖试验中，当年 1 厘米长珠杂交鳜养殖至 7 月龄时，平均体重均超过 450 克，生长速度是养殖斑鳜（平均体重 150 克）的 3.2 倍，是翘嘴鳜的 0.8 倍。同时，杂交鳜还表现出比翘嘴鳜好的抗逆性，养殖成活率高出翘嘴鳜近 20%。

表 3　2010—2014 年长珠杂交鳜养殖 7 月龄生长试验（$n=30$）

代数	7 月龄平均体重（克）	体重变异系数	7 月龄平均体长（厘米）	体长变异系数
2010ZJQB	353±112.16	0.32	22.8±3.14	0.14
2011ZJQB	436.2±92.5	0.21	24.2±2.75	0.11
2012ZJQB	445±98.25	0.22	24.4±3.14	0.13
2013ZJQB	457±86.32	0.19	24.9±2.82	0.11
2014ZJQB	485±81.43	0.17	25.5±2.95	0.12

（三）品种特性和中试情况

1. 品种特征

（1）主要形态构造特征表型性状（表 4 和表 5）

长珠杂交鳜，体高而侧扁，呈纺锤状，背隆起，较翘嘴鳜细长而较斑鳜粗短；头大，长而尖；口大，口裂略倾斜，下颌向上突出，上下颌均有排列极密的牙齿，其中前部的小齿扩大呈犬齿状。背部橄榄色，腹部灰白色，体色较斑鳜浅而较翘嘴鳜深；体侧具继承于斑鳜的黑斑而排列不整齐。各奇鳍上均有暗棕色的斑点连成带状。鳔一室，腹膜白色。

表 4　长珠杂交鳜可数性状

种类	背鳍鳍式	臀鳍鳍式	侧线鳞数	鳃耙数
长珠杂交鳜	D. XII，13~15	A. III，8~12	114~127	4~5

表 5　长珠杂交鳜可量性状

性状	比例数值
全长/体长	1.171±0.043
体长/体高	3.559±0.287
体长/头长	2.599±0.170
头长/吻长	2.749±0.595
头长/眼径	7.720±1.453
头长/眼间距	4.404±0.427
体长/尾柄长	6.730±2.334
尾柄长/尾柄高	10.462±1.315

（2）遗传学特性

① 染色体与核型（图 4）

体细胞染色体数为 48，核型公式为：6 sm + 12 st + 30 t ，染色体臂数（NF）为 54。

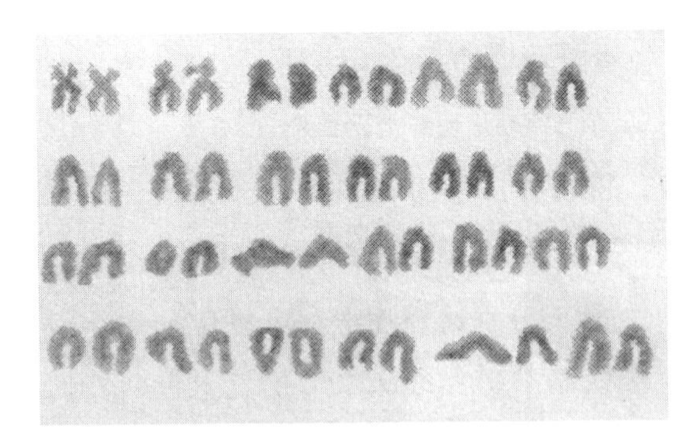

图 4　长珠杂交鳜染色体核型

② 同工酶的酶谱

长珠杂交鳜眼乳酸脱氢酶（LDH）同工酶电泳图谱见图 5。

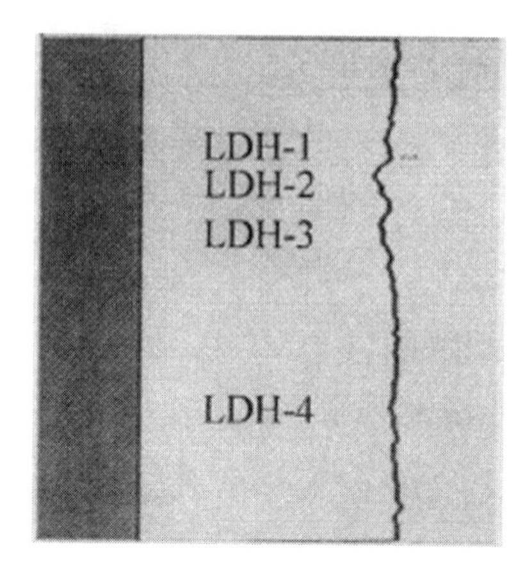

图 5　长珠杂交鳜眼乳酸脱氢酶（LDH）同工酶电泳图谱

2. 优良性状

① 长珠杂交鳜兼具斑鳜体型、体色、优良品质和翘嘴鳜生长速度快的优良性状。解决了斑鳜养殖缺乏快速生长的良种需求问题。7 月龄时的生长速度较养殖斑鳜快，体重是斑鳜的 3.2 倍。

② 品质好。长珠杂交鳜肌肉中水分含量为（77.87±0.17)%，灰分含量为（1.09±0.01)%，粗脂肪含量为（1.89±0.21)%，粗蛋白含量为（17.4±0.16)%。肌肉中必需氨基酸占总氨基酸（40.14%）和必需氨基酸与非必需氨基酸（79.04%）的比值分别比翘嘴鳜和斑鳜高。

③ 抗逆性强。长珠杂交鳜在 20~30℃ 的耗氧率每小时 0.070 9~0.122 3 毫克/克，均明显低于翘嘴鳜的耗氧率每小时 0.139 0~0.174 1 毫克/克；杂交鳜在养殖过程中表现出了优于母本的抗逆性状。近几年在广东省佛山市、肇庆市、清远市等地区试养过程中，其养殖存活率（>80%）明显高于翘嘴鳜（约 60%)，得到养殖户广泛好评。

④ 经济效益明显。近年来养殖长珠杂交鳜综合平均效益高出翘嘴鳜 15%

以上。

⑤ 适应性强，好养。就目前长珠杂交鳜试养的广东、湖北、江苏等地区，均能正常生长；在翘嘴鳜养殖的环境条件下都可以养殖。

3. 中试情况

2013—2015 年，在清远百容水产良种有限公司、佛山市南海百容水产良种有限公司共生产长珠杂交鳜苗 800 万尾。同时在佛山市南海区、清远市、肇庆市高要区等地进行中间试验示范养殖长珠杂交鳜，养殖效益良好，尤其在佛山市、清远市等鳜鱼主要养殖区表现出明显的优势，达到了明显的增收节支效果，取得了良好的经济效益。

3 年来示范推广养殖面积 1 113 亩，养殖周期 6~8 个月，亩产量可达 1 500千克左右，推广养殖产量达 1 654 吨，效益十分显著（表 6）。

经试验，长珠杂交鳜生长快，抗逆性强，养殖成活率高，单位面积经济效益高，不易发病，适宜池塘养殖。

近年来，示范养殖的杂交鳜平均价格为 17.5 元/千克，而养殖翘嘴鳜平均价格为 12.5 元/千克。

表 6　长珠杂交鳜养殖中试（示范养殖）情况表

年份	地区	养殖面积（亩）	投苗情况		收获情况				
			放养密度（尾）	规格（厘米）	产量（千克）	亩产（千克）	饵料系数	成活率（%）	平均体重（克）
2013	佛山	81	4 000	2.5~3	116 593	1 439	4.22	80.33	448
	肇庆	123	4 000	2.5~3	182 931	1 487	4.25	82.63	450
	清远	167	4 000	2.5~3	233 669	1 399	4.2	80.6	434
2014	佛山	81	4 000	2.5~3	123 471	1 524	4.21	83.03	459
	肇庆	123	4 000	2.5~3	184 978	1 504	4.23	82.45	456
	清远	167	4 000	2.5~3	242 118	1 450	4.22	81.45	445

续表

年份	地区	养殖面积（亩）	投苗情况		收获情况				
			放养密度（尾）	规格（厘米）	产量（千克）	亩产（千克）	饵料系数	成活率（%）	平均体重（克）
2015	佛山	81	4 000	2.5~3	128 352	1 585	4.24	87.45	453
	肇庆	123	4 000	2.5~3	189 416	1 540	4.22	85.18	452
	清远	167	4 000	2.5~3	252 921	1 514	4.19	82.85	457

二、人工繁殖技术

（一）亲本选择与培育

1. 亲本来源

（1）翘嘴鳜

经选育的 F_4 代翘嘴鳜群体。

（2）斑鳜

经选育的 F_2 代斑鳜群体。

2. 亲鱼培育

（1）培育环境

亲鱼放养于1.5~1.8米深的土池中，土池面积1~5亩；所用水源符合GB 11607渔业水质标准并保持水量长期稳定，溶氧量在5毫克/升以上，pH值为7.0~8.0，透明度≥35厘米；水温在4~35℃，以18~28℃最为适宜；翘嘴鳜的放养密度以每立方米0.3千克左右，斑鳜以每立方米0.1千克左右的放养密度为宜；雌、雄亲鱼以1∶1搭配混养。

（2）饲养管理

首次投放饵料鱼量为亲鱼体重量的2~3倍，为保证亲鱼的性腺发育和成熟，每7天投一次适口的活饵料鱼为宜，投饵量在亲鱼放养量的1~2倍；饵料鱼以鲮鱼、白鲢为佳，尺寸控制在亲鱼体长的1/3左右。

（3）产后培育

产后亲鱼按照1万国际单位/千克体重的标准注射青霉素，回塘后及时投喂新鲜适口的饵料鱼，日投喂量控制在鱼体重的5%左右。15天以后恢复正常饲养条件。

（二）人工繁殖

1. 人工催产

（1）催产季节与水温

繁殖季节：4—7月。

繁殖水温为22~32℃，以24~28℃为宜。

（2）催产药物和剂量

① 催产药物：地欧酮（DOM）和鱼用促黄体素释放激素类似物（LHRH-A）。

② 催产剂量：催产剂以（DOM 毫克 LHRH-A 5微克）/千克（雌亲鱼体重）为宜，雄亲鱼减半。

（3）注射方式

采用胸鳍基部注射，一次注射。

（4）效应时间

效应时间见表7。

表 7　效应时间

水温（℃）	效应时间（小时）
22~23	26~29
24~25	23~26
25~27	22~25
26~28	22~24

（5）人工授精

根据水温高低与亲鱼性腺成熟的程度，适时掌握时间进行人工授精。一般在注射催产剂后，按表 7 规定的效应时间，提早 2 小时开始观察，检查亲鱼发情情况，并每隔 30 分钟检查一次。当轻压腹部，生殖孔中有卵粒流出时，即可进行人工授精。盛放精、卵的器皿应干燥洁净，精、卵避免阳光直射。所取精、卵在人工搅拌下，使之结合受精。一般采用干法和半干法两种。

① 干法授精：把所取精、卵混合，再加水搅拌 1~2 分钟，使之受精。

② 半干法授精：先用 0.8%生理盐水稀释精液，然后与卵混合，再加水搅拌 1~2 分钟，使之受精。

2. 孵化管理

（1）孵化用水

① 水质应符合 GB 11607 的规定，其中溶解氧应在 6 毫克/升以上。进入孵化设备的水应用 24 孔/厘米的尼龙或乙纶网布制成的密网过滤，保持水质清新，严防敌害进入。

② 流速：孵化设备内的水流速度应以鱼卵均匀漂流，不沉积为度。

（2）孵化密度

一般流水孵化的放卵密度为 5×10^4 ~ 10×10^4粒/米^3。

（3）出膜时间

鱼苗出膜时间随水温的变化而定。水温与出膜时间的关系见表 8。

表 8　水温与出膜时间的关系

水温（℃）	出膜时间（小时）
18～21	65～75
22～24	38～50
23～25	36～45
25～27	34～38

（4）日常管理

孵化期间专人值班，观察检查孵化设备的完好情况，水质、水流情况，鱼卵的漂浮情况；破膜期间加强孵化设备中的滤水设施的检查与清洗，保持滤水畅通，并做好值班记录，发现问题及时解决。

已出膜的鱼苗卵黄囊基本消失，处于水平游动，并开始摄食时，及时投喂刚出膜的适口饵料鱼，然后转入苗种培育。

（三）苗种培育

1. 鱼苗放养

（1）鱼苗放养前应注意事项

鱼苗放养前用高锰酸钾对水泥池进行消毒，用3%盐水浸泡对鱼体进行消毒。

（2）放养规格与密度

出膜 3～7 日龄的鱼苗在水泥池中放养密度为 0.5 万～1 万尾/米^3。

2. 饵料鱼配套

鳜苗孵出 3 天后，卵黄囊消失，鳍条出现，体长达 4～4.5 毫米，即转入开口摄食阶段。开口饵料鱼为脱膜 24～72 小时的团头鲂苗或脱膜 24～60 小时的麦鲮苗。配套饵料鱼（团头鲂或麦鲮）应在鳜催产后进行催产。第一批繁殖数量是鳜苗数量的 3 倍，然后连续生产 2～3 批，数量逐渐增加。

饵料鱼配套操作要点：① 刚孵化出的团头鲂苗或麦鲮苗可供应3~5日龄的鳜苗，日投喂量为鳜苗的1~3倍，分3~4次投喂；② 2日龄团头鲂苗或麦鲮苗可供应5~7日龄的鳜苗，日投喂量为鳜苗的3~5倍，分2~3次投喂；③ 开始出现腰点的麦鲮苗可供应8~10日龄的鳜苗，日投喂量为鳜苗的8~10倍，分2~3次投喂。④ 饵料鱼投喂量确定：刚开食的鳜食量很小，每天吃1~2尾鲂苗或麦鲮苗就足够。以后随着鳜苗的长大，摄食量逐渐加大，每天逐渐加大投喂量。在以上操作过程中，定期检查池中饵料鱼的密度，依据实际情况及时补充适口的饵料鱼。

三、健康养殖技术

（一）健康养殖（生态养殖）模式和配套技术

1. 环境条件

（1）池塘条件的选择

池塘环境条件应符合GB 18407.4的规定。面积3~5亩为宜，水深1~1.5米。池塘长方形，塘底淤泥厚度小于15厘米。

（2）水源

水源充足，排灌方便。水源水质应符合GB 11607的规定并保持水量长期稳定。

2. 放养密度

鱼苗下塘时，须按每立方米水体用福尔马林30~40毫升药浴鱼体5~10分钟，以杀灭寄生虫和病菌。3厘米长珠杂交鳜最适放养密度为4 000尾/亩，养殖6~8个月，亩产可以达到1 500千克，养殖存活率可以达到80%以上。

3. 饲养管理

投饲坚持定时、定点、定质、定量的原则；首次投放饵料鱼量为长珠杂交鳜数量的10倍以保证有充足的饵料鱼，每15天投一次适口的新鲜无毒的饵料鱼为宜，投饵量在杂交鳜放养量的4~5倍；饵料鱼以鲮鱼、白鲢为佳，尺寸控制在杂交鳜体长的1/3左右。

3. 养殖技术要点

（1）要提供足量、适口的饲料鱼

能否提供足量、适口的饲料鱼是提高杂交鳜成活率的关键。若饲料鱼供应不足，杂交鳜之间就会相互吞食，攻击者往往因吞食不下而被对方躯体卡住，结果双双死亡。饵料苗下塘前一定要消毒，用3%~5%的食盐水浸洗后下塘，以防将病害相互传染。

（2）保持良好的水质

长珠杂交鳜喜欢水质清爽、溶氧丰富的水域。若培育杂交鳜的池塘面积小，水浅，放养密度大，容易导致水质恶化，鳜鱼体质下降和发生疾病。因此，所用水源应符合GB 11607渔业水质标准并保持水量长期稳定，溶氧量在5毫克/升以上，pH值为7.0~8.0，透明度≥35厘米；水温在4~35℃，以18~28℃最为适宜。

（二）主要病害防治方法

1. 纤毛虫病（车轮虫、斜管虫病）

（1）病因

属原生动物感染鳜鱼所致。斜管虫和车轮虫常常是同时寄生，主要寄生于鳃丝上，鳍条、体表也有寄生。水、水生生物和渔用工具均可能成为虫体的传播媒介。

（2）主要症状

病鱼体表皮肤和鳃部出现苍白色，鳃丝呈块状腐烂，体色发黑，时缓时急得转圈，行动呆滞，病鱼浮头靠近池岸，口张开，呼吸困难，并发烂鳃病，病重时鱼体失去平衡，上下浮动，最后导致死亡。若不及时处理，死亡率很高，若延缓了杀虫治疗时间，即使杀死寄生虫，但因鳃组织被破坏，难以恢复，不久便死亡。

（3）流行季节

长珠杂交鳜全年都可感染这两种虫，春夏季阴雨天发病更多。在长珠杂交鳜的苗种培育中，该病是一种主要疾病，严重时可引起长珠杂交鳜的大批死亡。

（4）防治方法

预防应彻底清塘或对水泥池消毒，管好水源，保证水质清新，溶氧充足。在水泥池中，可用福尔马林浸泡治疗，浓度是30~50毫升/米^3，治疗时要充分充氧，治疗后立即换清洁的水并充氧。当长珠杂交鳜移入池塘中饲养时，交叉选用溴氰菊酯、阿维菌素，全池泼洒，以防治该病。

2. 指环虫病

（1）病因

该病由指环虫寄生引起。

（2）主要症状

表现为病鱼浮头慢游，体色变黑，会引起腮丝肿胀、贫血、烂腮、腮部黏液增多，呼吸困难。病鱼浮于水面，鱼体离水时腮盖张开，身体消瘦，眼球凹陷，用放大镜即可看到白色虫体。因为鳃部常受大量虫体的刺激，致使鳃丝出血、坏死发生烂鳃等症状，严重时并发细菌性烂鳃病，其死亡率甚高。

（3）流行季节

在长珠杂交鳜各生长阶段均有发生，夏秋季流行较严重，尤以鱼种阶段危害性最大。

(4) 防治方法

对饵料鱼进行严格检查和消毒，因为大部分指环虫由饵料鱼带入，对饵料鱼用5%的食盐水药浴15分钟。用甲苯咪唑溶液0.1毫升/米^{3}全池泼洒，病情严重的，可次日再使用一次。

3. 小瓜虫病

(1) 病因

病原体为多子小瓜虫的幼虫感染。

(2) 主要症状

表现为不摄食，体表尤其背部形成小白点，进而分泌大量黏液而形成囊泡。

(3) 流行季节

水温25℃以下，发病率较高，水温27℃以上发病较少，该病是鱼种阶段的危害较严重的疾病之一。

(4) 防治方法

预防方法：用生石灰彻底清塘。治疗方法：①用100毫升/米^{3}福尔马林浸洗鱼种10~15分钟；②用福尔马林泼塘，浓度是15~25毫升/米^3，治疗时要充分充氧，治疗后立即换清洁的水并充氧。注意对小瓜虫病千万不能用硫酸铜或者食盐去治疗，这些药物不但不能杀灭小瓜虫，反而会引起小瓜虫形成胞囊，从而进行大量繁殖，使病情恶化。

4. 细菌性肠炎病

(1) 病因

此病病原为肠型点状单胞菌引起的。病因常是长珠杂交鳜吞食了带肠炎病的饵料鱼而受感染，或因饥饿后又饱食引发该病。

（2）主要症状

病鱼不摄食，体色发黑，浮游于水面，肠道有气泡及积水，病鱼的直肠至肛门段充血红肿；严重时整个肠道肿胀，呈紫红色，轻压腹部有黄色黏液和血脓流出。

（3）流行季节

水温在18℃以上开始流行，流行高峰在水温25~30℃的4—6月。从鱼种至成鱼阶段均可受到该病的危害。

（4）防治方法

①加强长珠杂交鳜的饲养管理，不要让长珠杂交鳜时饥时饱。选择适口饵料鱼，一般为长珠杂交鳜体长的1/3左右，以防过大饵料鱼擦伤肠腔诱发鱼病。②将长珠杂交鳜池的水体予以消毒。水体消毒可用1克/米^{3}二氧化氯全池泼洒，每半月消毒一次。③饵料鱼投喂前用5%食盐水浸洗进行消毒处理，并清除病、残、弱饵料鱼，消灭传染源。④给饵料鱼投以药饵：投喂大蒜素，每100千克饲料添加大蒜素0.1千克，连续投喂5~7天。吞食药饵后再被鳜鱼吞食，使鳜鱼间接服药得以治疗。

5. 细菌性烂鳃病

（1）病因

由柱状嗜纤维菌引起，带菌鱼以及被污染的水和塘泥是主要传染源。

（2）主要症状

病鱼鳃上黏液增多，鳃丝肿胀，部分鳃丝有小出血点。病情严重时，鳃丝上附有污泥，鳃丝末端软骨外露，鳃盖内表皮也伴有充血发炎的现象。

（3）流行季节

每年4月底至11月初是该病的流行时期，在15~30℃水温范围内，水温越高越容易暴发流行，患病鱼死亡的时间也就越短。从鱼种至成鱼阶段均可受到该病的危害。

(4) 防治方法

可用 1~5 毫升/米^3 的浓戊二醛、聚维酮碘等进行防治。

6. 暴发性出血病

(1) 病因

由传染性脾肾坏死病毒引起。

(2) 主要症状

发病初期，病鱼症状主要表现在鳃盖及各鳍条、体侧有不同程度的出血斑点，鳃丝充血，肝脏和胆囊肿大并有点状充血，肝表层深黄色或浅白色。肠内有淡黄色物质，后期出现眼下球和鳃盖充血，离群独游，缓游于水面，摄食明显下降，很快死亡。

(3) 流行季节

在夏、秋两季最为流行，在水温 25~30℃ 条件下，有的发病池甚至可以全池死亡。

(4) 防治方法

可在长珠杂交鳜体重约 15 克时，注射由中山大学开发的鳜传染性脾肾坏死病毒病灭活疫苗进行防治。

四、育种和种苗供应单位

(一) 育种单位

1. 中山大学

地址和邮编：广州市海珠区新港西路 135 号，510642

联系人：李桂峰

电话：13503011041

2. 广东海大集团股份有限公司

3. 佛山市南海百容水产良种有限公司

（二）种苗供应单位

佛山市南海百容水产良种有限公司

地址和邮编：广东省佛山市南海区丹灶镇下安村外沙围佛山市南海百容水产良种有限公司，528223

联系人：古勇明

电话：13702913266

（三）编写人员名单

李桂峰，卢薛，古勇明，孙际佳，韩林强，胥鹏

虎龙杂交斑

一、品种概况

（一）培育背景

20世纪80年代以来，我国海水养殖一直保持着稳健发展的势头，其中新品种培育和推广起了关键作用。目前，我国特别是南方沿海省份石斑鱼养殖业发展迅猛，但所有养殖的石斑鱼都没有经过系统的人工选育，其种质还是野生型的，生长速度、抗逆能力乃至品质质量都急需经过科学的人工选育而加以改进。同时，随着石斑鱼养殖业的迅速发展，石斑鱼的种质退化以及病害问题越来越突出。所有这些都对我国石斑鱼养殖业暗藏杀机，也是近年来制约石斑鱼养殖生产的重要因素之一。

作为优良的石斑鱼养殖品种，棕点石斑鱼人工繁殖难度小，容易获取大量的受精卵，卵的价格较低（3 000~5 000元/千克），育苗成活率高，可达10%~16%，但生长速度慢、养殖周期长，导致养殖效益不理想；鞍带石斑鱼是石斑鱼家族中个体最大、生长速度最快的种类，但亲鱼培育及苗种繁育难度大，特别是受精卵的获取相当困难，育苗成活率仍然非常低，只有0.5%~2%的水平，目前仍存在一卵难求（卵的价格30 000~60 000元/千克）、一苗难求的现象，严重制约了该鱼的养殖产业发展。针对上述现象，我们期望通过远缘杂交技术产生的“杂种优势”培育出生长速度快、育苗成活率高的石斑鱼新品种，与此育种目标相一致的具体改良性状包括：①个体生长速度；②育苗成活率。

杂交育种是利用不同类型的亲本进行杂交，获得基因的重新组合且类型丰富的杂交后代，有些类型可能是双亲优良性状的组合，也可能出现超双亲的优良性状。本育种团队利用育苗成活率高的棕点石斑鱼为母本，生长速度快的鞍带石斑鱼为父本进行杂交，以期实现上述育种目标。

（二）育种过程

1. 亲本来源

母本（图1）：棕点石斑鱼（*Epinephelus fuscoguttatus*），又称褐点石斑鱼，隶属于鲈形目（Perciformes）、鲈亚目（Percoidei）、鮨科（Serranidae）、石斑鱼亚科（Epinephelinae）、石斑鱼属（*Epinephelus*），俗称老虎斑，属于暖水性岛礁鱼类。分布于红海、印度洋非洲东岸至太平洋波利尼西亚、北达琉球群岛、南至澳大利亚、台湾岛以及南海诸岛、澎湖列岛等海域。棕点石斑鱼具有肉质细嫩、味道鲜美、营养丰富等特点，但存在生长速度慢、抗病力差等不足之处。2003年从台湾引进达到性成熟的棕点石斑鱼良种亲本200尾，个体重3.5~6千克，其中雌鱼140尾，雄鱼60尾，群体中雄性占比为30%。以引进的良种亲本作为原始群体，选择体健无伤、个体大、符合棕点石斑鱼形态标准的个体，建立基础群体。

父本（图2）：鞍带石斑鱼（*Epinephelus lanceolatus*），隶属于鲈形目（Perciformes）、鲈亚目（Percoidei）、鮨科（Serranidae）、石斑鱼亚科（Epinephelinae）、石斑鱼属（*Epinephelus*），俗称龙趸、龙胆石斑、紫石斑鱼等。是石斑鱼类中体型最大者，故也被称为“石斑鱼之王”。分布于印度-太平洋区，西起非洲东岸、红海，北至日本南部，南至澳洲西北部。台湾东北部海域有产。鞍带石斑鱼在石斑鱼家族中具有个体大、生长速度快的特点，但亲鱼培育及苗种繁育难度大，特别是成熟卵或受精卵的获取相当困难，而从成熟雄鱼获取精液则相对容易。1999 年从台湾引进 200 尾鞍带石斑鱼苗开展人工养殖，经过 5 年培育，至 2004 年达到性成熟年龄。以上述养殖鞍带石斑鱼作为原始群体，选择体健无伤、个体大、符合鞍带石斑鱼形态标准的个体，建立基础群体。

图 1　母本：棕点石斑鱼

图 2　父本：鞍带石斑鱼

2. 技术路线及培育过程

以分别经2代群体选育的棕点石斑鱼为母本、鞍带石斑鱼为父本，通过远缘杂交获得的F_1代，即为虎龙杂交斑。

（1）母本棕点石斑鱼群体选育

棕点石斑鱼4~5年性成熟，2003—2013年为止，每5年繁殖一代，棕点石斑鱼已群体选育至第3代，具体操作过程如图3所示：

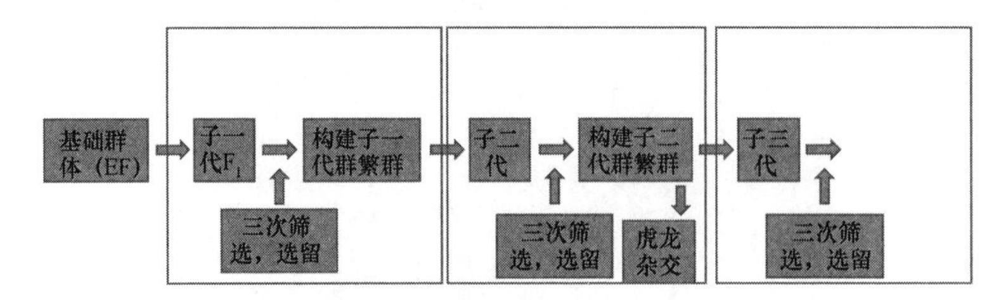

图3　母本棕点石斑鱼群体选育操作过程

（2）父本鞍带石斑鱼群体选育

鞍带石斑鱼5年性成熟，2004—2014年为止，每5年繁殖一代，鞍带石斑鱼已群体选育至第3代，具体操作过程如图4所示：

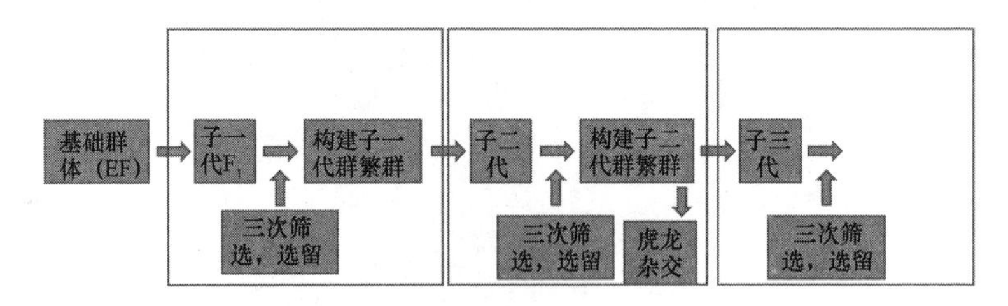

图4　父本鞍带石斑鱼群体选育操作过程

（3）虎龙杂交斑繁育

从2008年开始，共开展3代杂交石斑鱼繁育试验，至2014年获得第3代杂交石斑鱼，即为本次获得国家农业部审定通过的水产新品种——虎龙杂交斑，具体操作过程如图 5 所示：

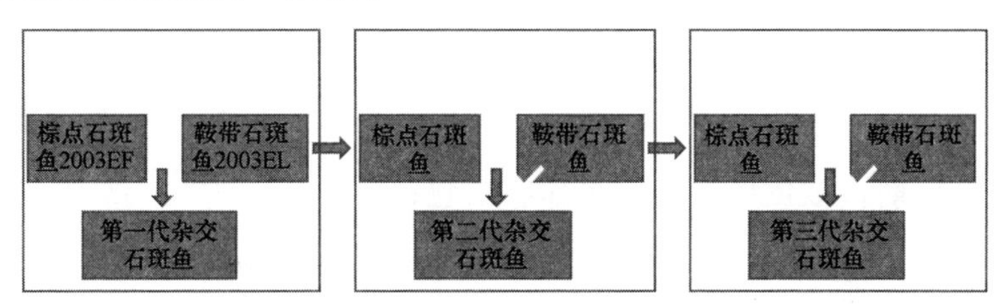

图 5　虎龙杂交斑繁育操作过程

（三）品种特性和中试情况

1. 品种特性

① 育苗成活率高：与父本相比，育苗难度明显降低，育苗成活率显著提高。

② 生长速度快：在相同养殖条件下，与母本相比，14 月龄鱼生长速度提高 110.0%以上，养殖周期缩短了一半以上，极大降低了养殖风险。

③ 适宜在全国各地人工可控的海水和咸淡水水体中养殖。

2. 中试情况

2013—2015 年，在广东、海南、福建等地连续开展 3 年的中试养殖试验，累计池塘养殖面积 990 亩，工厂化养殖水体 12 000 立方米。中度结果表明，虎龙杂交斑生长速度快，抗逆性强，养殖成活率高，单位面积经济效益好，不易发病，适宜池塘和工厂化养殖。

二、人工繁殖技术

（一）亲本选择与培育

选用分别经 2 代群体选育的棕点石斑鱼为母本、鞍带石斑鱼为父本。

亲鱼平时饲养于亲鱼培育池，投喂新鲜杂鱼，繁殖季节前1个月开始强化培育，投喂自己配制的亲鱼强化饲料。配种前将亲鱼起捕，逐一进行性状及性腺检查。选择健壮、体表无伤、无畸形的亲鱼，雌鱼要求腹部明显膨胀，卵巢发育至Ⅳ期，雄鱼要求轻压腹部有白色精液流出。

（二）人工繁殖

1. 催产

催产药物为促黄体素释放激素类似物 $LHRH-A_2$ 和绒毛膜促性腺激素 HCG 混合注射，雄鱼不实施催产。

2. 人工授精

采用干法人工授精操作。

3. 孵化

网箱孵化。

（三）苗种培育

采用室内工厂化育苗方法（图6），培育出杂交石斑鱼苗。

1. 受精卵孵化

将分离好的受精卵放入小箱网（75厘米×75厘米×60厘米）中经微流水、弱充气孵化。孵化密度约50万粒/箱。

2. 培育池

育苗生产使用25~35立方米规格的室内水泥池。

3. 育苗用水

育苗用水为砂滤后再经紫外线、臭氧消毒及蛋白质分离器处理的天然海

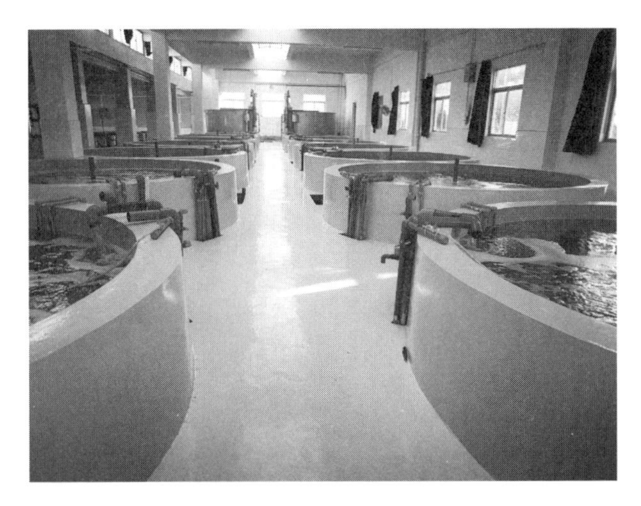

图 6　虎龙杂交斑育苗车间

水。培育期间水温 28~31℃，盐度 28~33，pH 值 7.8~8.5，溶氧 4.5~7.3 毫克/升。

4. 仔鱼培育

（1）放苗

仔鱼孵出后立即放入容积为 25~35 立方水体的仔鱼培育池中，放养密度为每立方水体 3 万尾，放仔鱼时，在培育池中注入砂滤后再经紫外线、臭氧消毒及蛋白质分离器处理的天然海水，首次注入育苗池容积 60%的水体，可同时加入 5 毫克/升利生素或水产用 EM 菌调节水质。

（2）换水和冲气

仔鱼培育初期不用换水，根据水质变化情况（一般在 H8~H10 开始排换水，H 表示孵化后天数），开始时换水量为 10%，以后逐渐加大，至仔鱼培育后期换水量要达到 80%~100%。换水必须使用经严格处理的海水（砂滤后再经紫外线、臭氧消毒及蛋白质分离器处理）。刚放苗时微冲气，之后根据仔鱼状况逐渐调大气量。

（3）饵料供应

仔鱼在H3开口摄食，育苗所用饵料的种类和转换时间如下：H3～H25添加微绿球藻液，浓度为每毫升100万细胞；H3～H10投喂S-S（小型）轮虫，密度为8～10个/毫升；H8～H25投喂L-S（大型）轮虫，密度为10～15个/毫升；H14～H30投喂400～1 000微米的石斑鱼仔鱼专用饲料，投喂量根据实际投喂的残饵量来决定增减，H14～H30每天分4次投喂，时间分别为8：30、11：30、14：30、17：00；H13～H25每天投喂卤虫无节幼体0.5～2个/毫升；H13～H30每天投喂蒙古裸腹溞0.5～2个/毫升。

在培育水温28～31℃时，仔鱼经过约30天后开始收翅变态为稚鱼。

5. 稚鱼培育

当仔鱼变态为稚鱼时，饵料当以虾浆、鱼糜和配合饲料为主，适量投喂大型蒙古裸腹溞或海水枝角类。投喂虾浆和鱼糜时要耐心进行驯化，当稚鱼的密度过大或发现稚鱼互相残食时，采用不同规格鱼筛分苗。

在培育水温28～31℃时，稚鱼大概在H35～H37长鳞片和花纹，变态为幼鱼，即生产实践中所说的鱼苗。

6. 病害防治

在育苗过程中，注意观察仔、稚鱼的摄食、活动变化，发现异常及时采取对策处理。

三、健康养殖技术

（一）健康养殖（生态养殖）模式和配套技术

1. 池塘养殖模式

（1）池塘条件

养殖池塘面积以2～3亩适宜，水深1.5 ～2米。高位池养殖效果更佳。

放养前彻底清塘，进口后水体彻底消毒，然后施肥培水（图 7）。

（2）放养密度

每亩放养 1 500~2 000 尾。

图 7　虎龙杂交斑养殖池塘

（3）饲料投喂

饲料选用石斑鱼专用配合饲料，不同养殖阶段饲料规格作相应调整。日投喂量为鱼体重的 1%~2%，每天投喂 1~2 次。水温低于 15℃时鱼摄食不良，应适当减少投饵次数及投喂量。为增强石斑鱼的免疫力，定期在饲料中加拌复合维生素或维生素 C，添加量为饲料的 1%~2%，连续投喂 1 周。

水质调控：在养殖过程中定期投放 EM 菌、利生素等益生菌调控水质，pH 值控制在 7.8~8.8，盐度控制在 12~33，溶解氧控制在 4.0 毫克/升以上，氨氮控制在 1.0 毫克/升以下，亚硝酸盐控制在 0.5 毫克/升以下。低温和高温季节尽量提高水位以保持水温恒定。水色以黄绿色或黄褐色为佳。

2. 工厂化循环水养殖模式

（1）养殖池条件

养殖池宜采用圆形水泥池或桶，也可建成四角抹成弧形的四方池，中间排水，规格25~50立方米水体，水深保持在1.2~1.8米。放养前对循环系统和养殖用水彻底消毒（图8）。

图8 虎龙杂交斑工厂化养殖车间

（2）放养密度

根据鱼苗规格确定，不同规格放养密度如表1所示。

表1 不同规格放养密度

鱼苗全长（厘米）	放养密度（尾/米^3）
10~15	60~80
15~20	45~60
20~25	35~45
25~30	30~35

（3）饲料投喂

饲料选用石斑鱼专用配合饲料，不同养殖阶段饲料规格作相应调整。日投喂量为鱼体重的1%~2%，每天投喂1~2次。水温低于15℃时鱼摄食不良，应适当减少投饵次数及投喂量。为增强石斑鱼的免疫力，定期在饲料中加拌复合维生素或维生素 C，添加量为饲料的 1%~2%，连续投喂 1 周。

（4）水质调控

在养殖过程中最关键的事项是做好循环水处理系统的维护，保持水质良好。水温控制在 22~30℃，pH 值控制在 6.8~8.5，盐度控制在 12~30，溶解氧控制在 4.0 毫克/升以上，氨氮控制在 1.0 毫克/升以下，亚硝酸盐控制在 0.5 毫克/升以下。水色以黄褐色为佳。

（二）主要病害防治方法

主要病害防治方法见表 2。

表 2　病害防治方法

病名	症状	防治方法
刺激隐核虫病	病鱼体表、鳃等于外界相接触的地方，肉眼可观察到许多小白点，严重时病鱼体表皮肤有点状充血，鳃和体表黏液增多，形成一层白色混浊状薄膜，病鱼食欲不振或不摄食，身体瘦弱，游泳无力，呼吸困难，最终可能因窒息而死	淡水浸浴 3~15 分钟
指环虫病	寄生于鱼的体表和鳃丝上，利用虫体锚钩破坏鳃丝和体表上皮细胞，刺激鱼体分泌大量黏液。大量寄生时，鳃瓣浮肿，鳃丝全部或部分灰白色。虫体寄生于鱼体表和鳃丝上，则病鱼鳃盖张开，鱼体发黑	淡水浸浴 2~5 分钟，或每升海水加高锰酸钾 20 克，浸浴 15~30 分钟
弧菌病	感染初期，体色多成斑块状褪色，食欲不振，缓慢的浮于水面，有时候回旋状游泳；随着病情发展，鳞片脱落，吻端、鳍膜烂掉，眼内出血，肛门红肿扩张，常有黄色黏液流出	每升海水泼洒五倍子（先磨碎后用开水浸泡）2~4 毫克，连续泼洒 3 天；或每千克饲料拌三黄粉 30~50 克，连续投喂 3~5 天

续表

病名	症状	防治方法
肠炎病	病鱼腹部膨胀，内有大量积水，轻按腹部，肛门有淡黄色黏液流出。有的病鱼皮肤出血，鳍基部出血；解剖病鱼，肠道发炎，肠壁发红变薄	每千克饲料拌大蒜素 15~20 克，连续投喂 3~5 天

四、育种和种苗供应单位

（一）育种单位

1. 广东省海洋渔业试验中心

地址和邮编：广东省惠州市大亚湾区澳头镇衙前村边，516081

联系人：张海发

电话：13802865766

2. 中山大学

地址和邮编：广东省广州市新港西路 135 号，510275

联系人：刘晓春

电话：13922766959

3. 海南大学

地址和邮编：海南省海口市人民大道 58 号，570228

联系人：陈国华

电话：13807670062

4. 海南晨海水产有限公司

地址和邮编：海南省三亚市吉阳镇，572011

联系人：蔡春有

电话：13627516666

（二）种苗供应单位

1. 广东省海洋渔业试验中心

地址和邮编：广东省惠州市大亚湾区澳头镇衙前村边，516081

联系人：张海发

电话：13802865766

2. 海南晨海水产有限公司

地址和邮编：海南省三亚市吉阳镇，572011

联系人：蔡有森

电话：13876925611

（三）编写人员名单

张海发，刘晓春，张勇，陈国华，蔡春有

牙鲆“鲆优2号”

一、品种概况

（一）培育背景

牙鲆（*Paralichthys olivaceus*）为生活于我国黄海、渤海、东海以及日本、韩国和朝鲜等东亚国家沿岸海域的一种比目鱼类，是天然捕捞的主要鱼类之一，但近些年野生资源急剧减少。我国从20世纪90年代开始进行牙鲆商业化人工育苗和养殖，经过20多年的研究和推广，牙鲆已发展成为我国海水鱼类养殖的主导品种之一。2015年我国人工养殖的鲆鲽鱼类产量为14万吨，占海水鱼类养殖总产量的11%。

目前牙鲆养殖业中存在的主要问题之一就是病害发生日益严重，抗病良种的缺乏成为限制牙鲆养殖业发展的瓶颈因子之一。牙鲆的主要病害包括纤毛虫病、腹水病、肠道白浊病、鳗弧菌病、白化病、淋巴囊肿病等，导致苗种阶段成活率往往不到40%，严重影响了牙鲆苗种的培育和养殖业的可持续发展。其中由迟缓爱德华氏菌引起的腹水病危害特别严重，经常造成大批死亡。因此，采用现代分子育种技术，结合传统育种技术培育牙鲆抗病高产新品种，成为亟待攻克的重要课题。

在牙鲆良种培育方面，国内一些学者针对牙鲆雌雄生长差异比较大、雄鱼生长较慢的问题，开展了牙鲆雌核发育和全雌苗种培育的研究，培育出全雌牙鲆新品种“北鲆 1 号”（刘海金等，2012）。针对牙鲆弧菌病害突出的问题，黄海水产研究所陈松林研究团队开展了牙鲆抗鳗弧菌病群体和家系建立、快速生长和高存活率牙鲆优良品种培育等研究（陈松林等，2008；陈松林，2013），并培育出生长快速、养殖成活率高的“鲆优 1 号”牙鲆新品种（陈松林等，2011），但有关牙鲆抗迟缓爱德华氏菌病新品种的培育目前尚未见其他报道。

鉴于迟缓爱德华氏菌引起的腹水病对牙鲆养殖业造成的重大危害，开展抗迟缓爱德华氏菌病牙鲆优良品种培育就显得非常迫切和急需，也成为水产遗传育种科技工作者的重要任务。因此，本研究团队于 2003 年开始，相继主持承担了国家“十五”863 子课题“牙鲆抗病基因的筛选与应用（2002AA626010）”、“十一五”863 计划子课题“牙鲆高产、抗逆品种的培育（2006AA10A404）”、“十二五”863 课题“重要鲆鲽鱼类良种培育 2012AA10A408”、973 计划 2 个课题“鱼类抗病的分子机理及功能基因研究（2004CB117403）”和“鱼类抗病基因调控网络和分子设计育种的基础研究（2010CB126303）”、国家自然科学基金项目“牙鲆抗病分子标记的筛选及其应用（30413240）”等国家级研究项目；相继开展了牙鲆抗病相关基因和分子标记筛选、抗病群体和家系建立、牙鲆全基因组测序、高密度遗传连锁图谱构建、抗病相关 QTL 定位、抗病和快速生长优良品系培育以及全基因组选择育种等技术的研究工作。目的就是研究牙鲆抗病的分子机理，建立牙鲆抗病分子育种技术，培育抗迟缓爱德华氏菌病牙鲆新品种。我们在前 10 年建立的 450 多个牙鲆家系以及筛选到的抗迟缓爱德华氏菌病家系和不抗病家系的基础上，构建了牙鲆抗病基因组选择育种参考群体，通过对参考群体进行基因组重测序，获得大量 SNP 位点，采用数量遗传学方法计算各 SNP 位点的遗传效应，预测不同个体的基因组育种值（GEBV），通过家系选育结合 GEBV

值评价，分别选育出快速生长品系和抗迟缓爱德华氏菌病品系，将这2个品系进行交配，从而培育出抗迟缓爱德华氏菌病能力强、生长较快的牙鲆新品种——“鲆优2号”牙鲆。

（二）育种过程

1. 亲本来源

母本：中国牙鲆抗病群体与日本群体杂交子代经3代家系选育和全基因组选择后获得的生长快品系。

选育过程：2003年通过人工感染和自然选择培育出中国牙鲆抗鳗弧菌群体（抗鳗群体），同年引进日本牙鲆群体；2007年利用抗鳗弧菌群体与日本群体杂交大量建立家系，从中选育出生长快、抗病力强的家系；2009年进行雌核发育家系选育，从中选出抗鳗弧菌病的家系，2012年对这些家系进一步选育获得生长快速家系，2014年进行不同家系鱼及其亲本的全基因组重测序，计算基因组育种值（GEBV），从中筛选出GEBV高的家系用作“鲆优2号”新品种的母本。

父本：为韩国牙鲆群体与中国牙鲆抗病群体杂交后代经2代家系选育和全基因组选择后培育出的抗迟缓爱德华氏菌病品系。

选育过程：2008年从韩国济州岛沿海地区引进培养了韩国牙鲆群体成鱼，并培育至性成熟，2009年与中国牙鲆抗鳗弧菌群体（抗鳗群体）杂交建立大量家系，从中筛选出生长快、抗鳗弧菌感染能力强或养殖成活率高的家系，2013年进行家系间交配，又建立一批家系，对这些家系进行迟缓爱德华氏菌感染，筛选出抗迟缓爱德华氏菌感染能力强、生长又较快的家系，同时，进行不同家系鱼的全基因组重测序，计算基因组育种值（GEBV），从中筛选出抗迟缓爱德华氏菌感染能力强、GEBV值又高的家系用作“鲆优2号”新品种的父本。

2.“鲆优 2 号”的培育过程

2003 年通过人工感染鳗弧菌选育出中国牙鲆抗鳗弧菌病群体（RS）89 尾，同年从日本引进日本牙鲆（JS）群体，经过 3 年培育后达到性成熟。

2007 年利用牙鲆抗鳗弧菌病群体、日本群体和黄海野生群体交配建立半同胞和全同胞家系 63 个，对这 63 个家系分别进行抗病力和生长性能测试。将不同家系鱼苗分别养殖在不同水槽中，每个水槽养殖 1 个家系的鱼苗，当鱼苗生长至 9~12 厘米时，每个家系各取 150~200 尾鱼苗进行鳗弧菌感染，统计各家系鱼苗的存活率，作为评价各家系抗病力的指标；同时，每个家系另取 200 尾鱼苗打上荧光标记后混合在同一池塘中养殖，分别在养殖 200 多天和 500 多天后测定各家系成鱼的体长、体重和存活率，通过上述手段从 63 个家系中选育出抗鳗弧菌感染能力强、存活率高或生长快的优良家系 0750、0768、0719、0761 等；考虑到养殖 524 天后的存活率，发现 0750 号家系表现出生长快、养殖成活率高的优良性状，是一个理想的兼具快速生长和高存活率的优良家系。0750 家系经过 2 年培育后达到性成熟。为丰富育种基础群体来源，2008 年又从韩国济州岛引进韩国牙鲆（KS），经过人工培育后于 2009 年达到性成熟。

2009—2010 年，对 2007 年筛选出的抗鳗弧菌病以及生长快的家系进行人工雌核发育或近交，采用鳗弧菌感染和不同家系荧光标记同池混养的技术，从中筛选出抗鳗弧菌感染、养殖成活率较高的家系。此外，2009 年还采用韩国牙鲆群体与中国牙鲆抗鳗弧菌群体（抗鳗群体）以及日本牙鲆群体等杂交大量建立家系，采用鳗弧菌人工感染和同池混养方法从中筛选出抗鳗弧菌感染能力强、养殖成活率高或生长较快的家系，用作进一步选育的育种材料。

2012—2013 年，采用 2009 年建立并选育出的家系进行家系间交配，并进行生长性状的选育，从而获得生长快速、成活率高的家系，随后采用数量遗传学方法评估各家系的育种值。并待不同家系鱼苗长大后采样进行不同家系全基因组重测序，计算基因组育种值（GEBV），从中筛选出 GEBV 值高的家系；最后结合表型值和基因组育种值筛选出生长快的优良品系作为“鲆优 2 号”的母本。另一方面，对不同家系采用迟缓爱德华氏菌进行人工感染，从中筛选出抗迟缓爱德华氏菌感染能力强、生长又较快的品系，待鱼苗长大后采样进行不同家系鱼的全基因组重测序，计算基因组育种值（GEBV），从中筛选出 GEBV 值高的家系，最后结合表型值和基因组育种值筛选出抗迟缓爱德华氏菌病能力强的优良品系作为“鲆优 2 号”的父本。

2014—2015 年，采用 2012 年和 2013 年分别选育出的优良品系做亲本又构建了大量杂交组合（家系），对这些组合采用迟缓爱德华氏菌进行人工感染，从中筛选出感染后存活率高的组合。同时，对不同组合鱼苗进行荧光标记后混合在同一池塘中养殖，比较不同组合的生长性能，从中筛选养殖成活率高、生长快的杂交组合。由此发现来源于中国牙鲆抗病群体与日本群体杂交后经 3 代家系选育和全基因组选择获得的快速生长品系与来自韩国群体与抗病群体杂交后代经 2 代家系选育和全基因组选择后获得的抗爱德华氏菌病品系的杂交组合具有抗病力强、养殖成活率高、生长快速等优良性状。因此，将这一杂交组合定名为“鲆优 2 号”牙鲆新品种（图 1）。

图 1　“鲆优 2 号”牙鲆

3. “鲆优 2 号” 培育的技术路线（图 2）

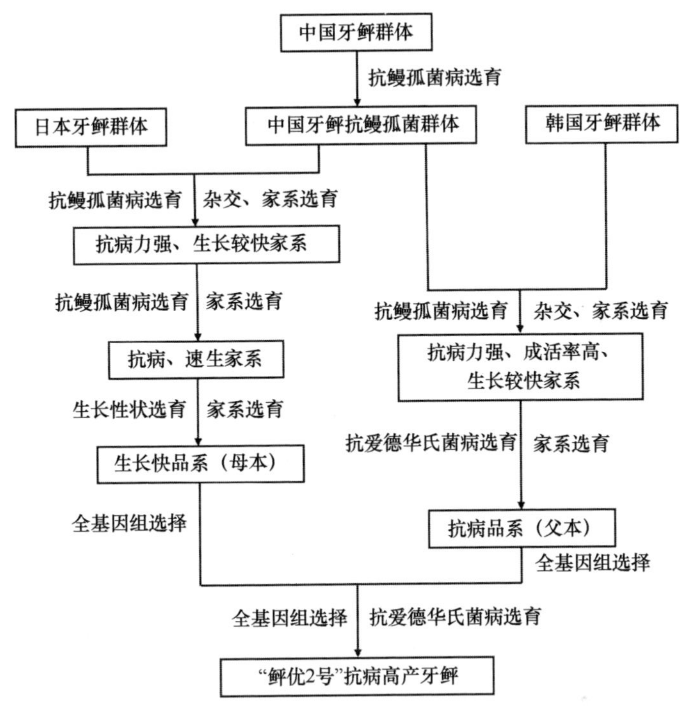

图 2 “鲆优 2 号” 培育技术路线

（三）品种特性和中试情况

1. 品种特性和优良性状

（1）外形特征

“鲆优 2 号” 牙鲆体型呈椭圆形，变态后左侧向上，右侧向下，体色为褐灰色，背面布满白色小斑点。体被小栉鳞，侧线自鳃盖后上缘开始，止于尾鳍基部，侧线前段向背部有一弯曲。两眼位于头左侧，上下颌各具一行犬齿，鳃孔达胸鳍基部。肛门位于体右前侧，雄性生殖突位于臀鳍始点左上方。背鳍始于右眼后侧，臀鳍始于腹鳍基下方。右侧胸鳍较左侧小，不发达。测定样本的体重（228.85±36.52）克，全长（28.63±2.21）厘米，体长（26.61±1.64）厘米，全长/体长 1.08±0.02，体长/体宽 2.03±0.22，体长/头长 3.88±0.25，头长/吻 3.56±0.34，头长/眼径 7.88±1.58，头长/眼间距 10.44±2.03，眼径/眼间距 1.56±1.33，体长/尾柄长 9.55±1.22，尾柄长/尾柄宽 1.06±0.15，侧线鳞 116±8，背鳍 79±5，胸鳍 12±1，腹鳍 6，尾鳍 14±1，臀鳍 59±2，脊椎骨数 35±2。

（2）生产性状

①生长速度

2015 年生产的“鲆优 2 号”牙鲆苗种在山东海阳黄海水产有限公司、山东海阳大闫家养殖大棚等地进行了对比养殖试验。当“鲆优 2 号”鱼苗和其他杂交组合的牙鲆鱼苗生长至 8~12 厘米时，每个组合随机取 150~200 尾鱼苗进行荧光标记，将标记后的鱼苗混合养殖在同一个水泥池中，进行对比养殖实验。经过 7 个月的养殖后测定所有鱼苗的体重、体长等参数，减去标记时的起始体重和体长，计算出对比养殖期间的净增重，获得每个组合的日增重，评价“鲆优 2 号”牙鲆的生长性能。黄海水产有限公司 2 年的中间养殖试验表明“鲆优 2 号”比对照组生长分别快 14%和 19.7%；日照东港海珍品研究所的中试结果表明，“鲆优 2 号”比对照组生长快 22.8%。2016 年 7 月专家在黄海水产公司的现场验收表明，相同养殖期间“鲆优 2 号”生长至平均体重 286.4 克，而对照组为 236.3 克，表明“鲆优 2 号”比对照组生长快 21.2%。综合来看，“鲆优 2 号”牙鲆比普通牙鲆生长快 14%~24.6%，平均快 20.46%。

②抗病性和养殖成活率

本团队进行的人工感染实验结果表明“鲆优 2 号”鱼苗在感染迟缓爱德华氏菌后的平均存活率为 74.5%，比对照组成活率（44.3%）高 30.2%。农业部渔业产品质量监督检验测试中心（烟台）的现场测试表明，人工感染迟缓爱德华氏菌后“鲆优 2 号”鱼苗的存活率为 81%，比对照组成活率（48%）高 33%。2015 年黄海水产有限公司进行的同池养殖对比表明：“鲆优 2 号”鱼苗的养殖成活率为 81.3%，而对照组为 68.7%，可见“鲆优 2 号”养殖成活率比对照组高 13%。另外，黄海水产有限公司 2016 年进行的对比养殖试验表明，“鲆优 2 号”的养殖成活率比对照组高 25%；而日照的对比养殖试验表明，“鲆优 2 号”的养殖成活率比对照组高 25.25%。综合起来看，“鲆优 2 号”牙鲆的养殖成活率比对照牙鲆高 13%~25%，平均高 21.98%。

2. 中试情况

2015—2016 年分别在山东海阳、日照、莱州等地进行对比养殖实验。现将几次代表性对比养殖试验结果总结如下。

（1）2014—2016 年对比养殖试验

2014 年 11 月至 2015 年 10 月在山东海阳黄海水产有限公司进行了“鲆优 2 号”与对照牙鲆的对比养殖，放养“鲆优 2 号”苗种 4 000 尾，经过 11 个多月的养殖后，“鲆优 2 号”牙鲆生长到平均体重 285 克，而对照组平均体重为 250 克，“鲆优 2 号”比对照组生长快 14%（图 3）；“鲆优 2 号”养殖成活率为 81.3%，而对照组养殖成活率为 68.7%，可见“鲆优 2 号”比对照组养殖成活率提高 13%（图 4）。

将上述“鲆优 2 号”与对照组牙鲆继续养殖至 2016 年 8 月进行测量，发现经过 2 年的养殖，“鲆优 2 号”成鱼平均生长到 852 克，而对照组平均体重为 649 克，“鲆优 2 号”比对照组生长快 31.4%（图 5）。

（2）2015—2016 年对比养殖试验

2015 年 11 月至 2016 年 7 月在海阳市黄海水产有限公司进行“鲆优 2 号”牙鲆鱼苗对比养殖试验，2015 年 11 月底将“鲆优 2 号”苗种以及普通对照苗种养殖在 10 个 25 平方米的水泥池中共计 20 000 多尾。经过约 7 个月的对比

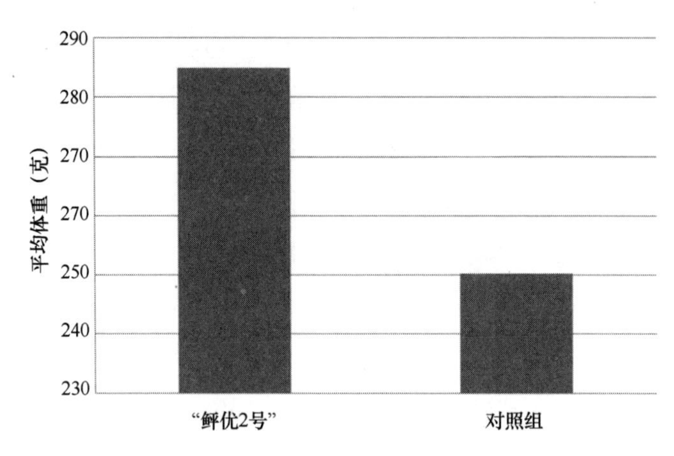

图 3　“鲆优 2 号”对比养殖生长比较图

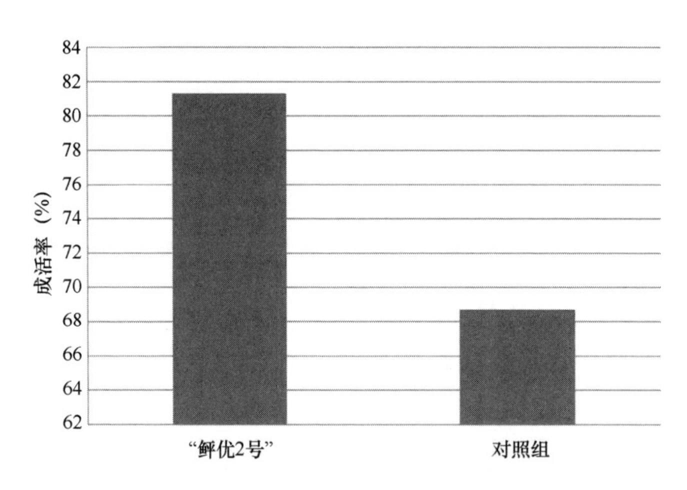

图 4　2015 年“鲆优 2 号”与对照组养殖成活率比较图（海阳黄海公司）

养殖后，测量“鲆优 2 号”牙鲆和对照牙鲆各 50 尾的全长和体重，发现“鲆优 2 号”牙鲆平均全长为（28.25±1.81）厘米，平均体重为（223.16±43.28）克，日增重 0.85 克/天，而对照牙鲆平均全长为（26.64±2.63）厘米，体重为（204.59±54.92）克，日增重 0.71 克/天（图 6），“鲆优 2 号”

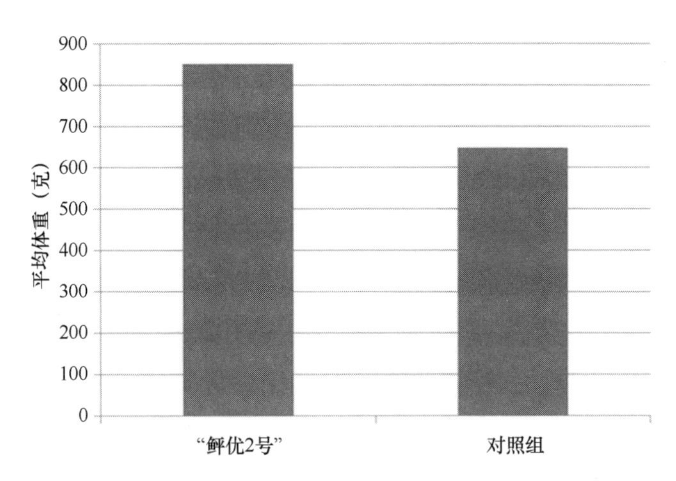

图 5　2015 年牙鲆“鲆优 2 号”与对照组养殖对比（海阳 2015）

牙鲆日增重比对照牙鲆高 19.7%。

通过荧光标记 400 尾“鲆优 2 号”和 400 尾对照鱼苗（来源于日照牙鲆养殖场）的对比养殖表明，“鲆优 2 号”牙鲆养殖成活率达 62.2%，而对照组牙鲆养殖成活率仅为 37.5%，“鲆优 2 号”牙鲆比对照组养殖成活率高 24.7%。

另外，2016 年 7 月对各池放养的“鲆优 2 号”鱼苗（3 个池）和对照组鱼苗（1 个池）（海阳黄海公司提供）进行全部成活鱼数量统计，“鲆优 2 号”鱼苗在 2015 年 11 月放养总数为 21 464 尾，2016 年 7 月收获时统计成活鱼苗数为 13 935 尾，存活率为 64.9%；而对照组共放养 3 900 尾，收获1 520 尾，存活率为 39%。由此可见，“鲆优 2 号”牙鲆鱼苗的养殖成活率比对照组高 25.9%（图 7）。

（3）2015—2016 年“鲆优 2 号”全程对比养殖试验

2016 年 10 月 24 日，对 2015 年 5 月繁殖、经过近 18 个月育苗和养殖的“鲆优 2 号”和对照组牙鲆成鱼进行了测量，观察到“鲆优 2 号”成鱼平均体

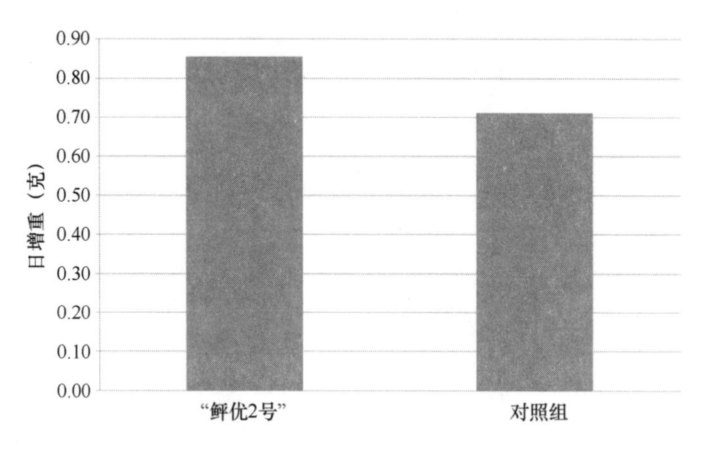

图 6　2016 年海阳“鲆优 2 号”与对照组生长比较

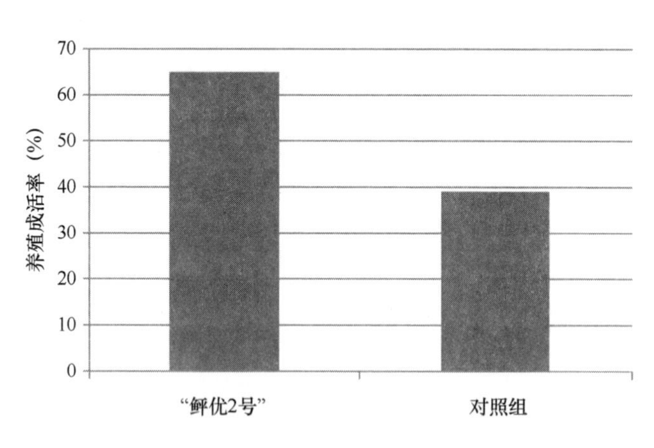

图 7　“鲆优 2 号”鱼苗和对照组养殖成活率比较

重 519.1 克，平均体长达到 37.1 厘米；而对照组平均体重为 424.4 克，平均体长为 35.2 厘米，“鲆优 2 号”比对照组生长快 22.3%（图 8）。由此表明，“鲆优 2 号”从受精卵开始，在北方工厂化养殖条件下经过近 18 个月的育苗和养殖即可达到商品鱼上市规格。

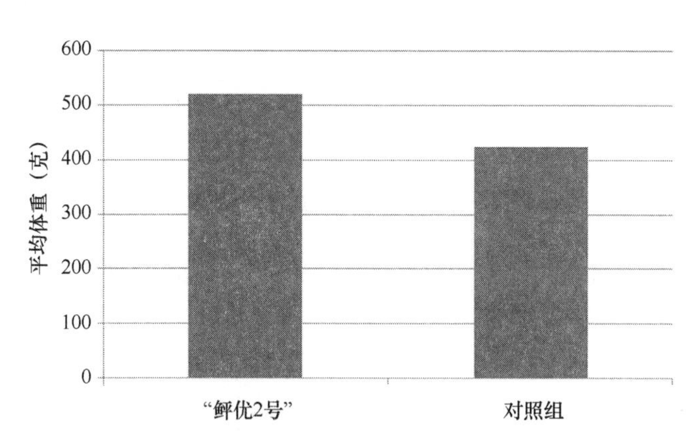

图 8　2016 年“鲆优 2 号”成鱼与对照组生长比较（海阳）

二、人工繁殖和苗种培育

“鲆优 2 号”的人工繁殖和苗种培育与普通牙鲆基本相同，可参照雷霁霖（2005）进行。

（一）亲本选择与培育

1. 亲鱼选择与培育

（1）亲鱼形态和年龄

将中国牙鲆抗病群体与日本群体杂交后经 3 代家系选育和全基因组选择获得的快速生长品系的雌鱼培育成熟作为母本，将韩国群体与抗病群体杂交后代经 2 代家系选育和全基因组选择后获得的抗爱德华氏菌病品系的雄鱼培育成熟作为父本，进行亲鱼培育。要求亲鱼体型正常、无畸形、无白化或黑化现象。一般雄鱼在 2 龄、雌鱼在 3 龄以上，就可进行人工生殖调控。

（2）亲鱼日常培育

为取得良好的培育效果，投喂新鲜或冷冻野杂鱼，或将新鲜野杂鱼粉碎制成颗粒状肉糜进行投喂；利用人工配制的混合饵料饲喂亦可，但培育效果一般。

（3）亲鱼生殖调控

在工厂化养殖环境下，一般在春季2—4月进行人工生殖调控。光调节采用长日照处理法，日照与黑暗比16小时：8小时。调控时间为1—2月，繁殖温度13.0~18.0℃，最适水温14~17℃。

（二）人工繁殖

1. 繁殖方式

（1）自然产卵

将“鲆优2号”亲本雌雄鱼同时在一个水池中调控，雌雄比例1：1~1：3，密度每立方水体6~10尾，达到积温后亲鱼自然产卵、排精在水中完成交配繁殖过程，利用排水法收集受精卵。

（2）人工挤卵、授精

为了进行苗种的同步化批量生产，通常人工挤压雌雄亲鱼腹部分别采集成熟的卵和精液，进行人工授精，将300~400毫升卵子与1~2毫升精子混合后，进行干法授精。

（3）受精卵孵化

将受精卵放入50厘米×50厘米×80厘米的小网箱中孵化，孵化到胚体转化期时收集上浮卵，称量后布入池中。

（三）苗种培育

1. 幼苗培育

孵化出膜到全长3厘米阶段。

（1）培育池

一般利用20平方米水泥池或3立方米的水缸为宜，水流可进行人为调控。

（2）培育水质

培育温度一般为15~18℃，盐度28~30，光照强度1 000勒克斯以上为宜，溶解氧量为6~10毫克/升。海水水质达到国家一类渔业水质标准，经过二级或三级砂滤，并经紫外线消毒处理。

（3）布卵量或布苗量

发育至胚体转动期卵10毫升/米^3，7 000~8 000尾/米^3，布卵时一定经过温度平衡才能将卵放入池中。

（4）小球藻添加量

仔鱼孵化后3~18天，首先投喂的是小球藻，向培育池中添加小球藻，使其细胞浓度达到50万~60万个/毫升。

（5）轮虫添加量

孵化后第3天开始投喂轮虫，轮虫事先经过小球藻和乳化油的强化。轮虫的投喂量参考：仔鱼全长4毫米时50~100个；6毫米时100~150个；8毫米时300~500个；10毫米时1 000~1 500个。一般培育水池中轮虫的量应保持在5~7个/毫升。

（6）卤虫无节幼虫投喂量

一般在鱼苗孵化后10天开始投喂卤虫无节幼虫，一天两次，投喂量以下次投喂量无残饵为准，投喂时间一直延续到鱼苗伏底。投喂量参考：10~15

天，10万~70万个/万尾仔鱼；15~20天，70万~250万个/万尾仔鱼；21~30天，200万~500万个/万尾仔鱼。卤虫投喂密度由0.5个/毫升水逐步增加到1.5~2个/毫升水。

（7）微粒配合饵料

仔鱼孵化后16~18天开始投喂，开始时每天两次，投喂量为1~1.5克/万尾鱼苗，以池底不留过多残饵为宜。人工饵料与卤虫无节幼虫分开投喂，事先投喂人工饵料后再投喂卤虫。随着鱼苗的长大及时更换颗粒较大的人工饵料。

（8）池底吸、排污

在孵化后7~10天内不用吸底，在投喂卤虫和微粒配合饵料后每天吸底一次，利用塑料管采用虹吸法吸取池底沉淀物。

（9）水量管理

孵化后前10天采用微流水，每天交换池水的1/3左右，随着鱼苗的生长逐渐增大换水量，鱼苗伏底后每天换水量达3~4个交换量。

2. 鱼苗后期培育

鱼苗体长达到3~5厘米以后的培育阶段。

（1）培育方法

一般采用水泥池或网箱培育。

（2）鱼苗的分选

体长在5厘米以前鱼苗个体差异大，大小不均匀，会造成大鱼吃小鱼的现象，另外对于饵料的选择也不同。在体长达到2厘米时分选第一次，体长达到5厘米时分选第二次。

（3）放养密度

随着鱼苗的长大，放养密度逐渐降低。全长在2厘米左右，放养密度每立方米水体2 000~3 000尾；达到5厘米时放养密度每立方水体600~

1 000尾。

（4）水交换量

随着鱼苗的生长、耗氧量的增大，需逐渐增大换水量。体长 3~4 厘米应达每天 4~5 个换水量；体长 4~5 厘米达到每天 6~8 个换水量。

（5）水温、光照

此阶段培育水温在 18~24℃，光照在 500~1 000 勒克斯。

（6）饵料

以投喂人工配合饵料为主，6：00—20：00，每天投喂 5~6 次。

三、健康养殖技术

“鲆优 2 号”牙鲆的养殖技术与普通牙鲆基本相同，可参照雷霁霖（2005）方法进行。

（一）养殖模式和配套技术

1. 养殖模式

“鲆优 2 号”牙鲆的养殖方式与普通牙鲆相同，主要包括陆基工厂化养殖、海水池塘养殖和海上网箱养殖等几种模式（陈松林等，2011）。

2. 养殖技术

“鲆优 2 号”牙鲆与普通牙鲆养殖技术基本相同，适合于陆基工厂化、海上网箱和海水池塘生态养殖，在各种养殖环境中生长快、成活率高。

养殖水温：鱼苗养殖水温在 14~24℃，成鱼养殖水温在 10~26℃。

养殖水盐度：海水盐度为 28~30 即可。

放养密度：工厂化养殖必须保证水量充足、水质良好，全长 5~10 厘米的鱼苗放养密度为 500 尾/米^2，10~15 厘米的鱼苗放养密度为 200 尾/米^2，体重 50~100 克的幼鱼放养密度为 5~10 千克/米^2，200 克左右的成鱼放养密度为 8~10 千克/米^2。

饵料投喂：投喂量应以鱼的摄食情况而定，原则上既要让鱼吃饱又不能有残饵。稚鱼期日投喂量为鱼体重量的 15%~20%；全长 20 厘米时投喂量为体重的 5%~10%，全长 30 厘米以上时投喂量为体重的 2%~3%，水温较低或较高时可适当减少投喂量。全长在 20 厘米以下的幼鱼，每天投喂 3~4 次，质量达到 100 克以上的幼鱼每天投喂 3 次，质量达到 250~500 克的大鱼，每天投喂 2 次。

水质管理：水源须经过过滤净化、病源微生物杀灭等物理和化学方法处理。经常对养殖水体的溶解氧、盐度、pH 值、氨氮、硫化物等主要水质指标进行测量，保证各项指标符合养殖水质标准。

（二）主要病害防治方法

尽管“鲆优 2 号”牙鲆具有较强的抵抗迟缓爱德华氏菌感染的能力，但如果养殖密度过大、养殖方法不当或有外来病原菌感染时，也会引起鱼苗甚至成鱼发生腹水病。此外，有一些普通牙鲆常见的疾病也可能在“鲆优 2 号”牙鲆养殖过程中出现，例如，纤毛虫病、林巴囊肿病毒病、传染性肠道白浊症等，其流行情况和普通牙鲆相似。现就“鲆优 2 号”养殖中有可能出现的疾病做一简单介绍。

1. 纤毛虫病

（1）症状

由盾纤毛虫寄生引起。主要发生在全长 3 厘米以上的鱼苗，以 10 厘米以下的鱼苗死亡率高。病鱼症状表现为头部和体表发红、溃烂、鳃出血、体色发黑，背鳍和臀鳍基部糜烂，特别是尾柄糜烂严重。主要在秋冬季节转换时养殖水温降低容易发生。

（2）防治方法

发病早期用100~150毫升/米福尔马林药浴1~2小时，连续3~5天可杀灭牙鲆体表寄生虫。发病后期，可用30%双氧水100~150毫升/米 浸浴1~2小时，连续3~5天；或进行淡水浸泡处理，每次处理10~30分钟，3~5天后可杀灭纤毛虫。也可进行中药治疗，例如，用苦参、大黄、百部、贯众、紫胡、五倍子粉末以18：12：20：15：10：15的比例浸泡鱼苗，对盾纤毛虫也有杀灭作用。或者将"盾纤虫清"药混合在饲料中投喂，剂量为3~5克/千克，早上和晚上各投喂1次药饵（崔青曼等，2007）。

2. 传染性肠道白浊症

（1）症状

主要由弧菌属细菌感染引起。在变态前期的仔鱼，发生率高，导致鱼苗死亡。病鱼通常肠道变白，腹部肿大，肠道中残留大量饵料，严重时，腹部凹陷导致死亡。

（2）防治方法

首先保证仔鱼饵料的品质，培育仔鱼时最好使用油脂酵母及小球藻培育的轮虫等饵料；降低鱼苗培育密度；对水源进行严格消毒，保持养殖池水的清洁卫生。如果发病，可用10毫克/升呋美尼考、盐酸土霉素浸泡等方法治疗（雷霁霖，2005）。

3. 腹水病

（1）症状

主要由迟缓爱德华氏菌引起。病鱼表现为腹部膨胀，腹腔内有大量积水，肛门发红扩张，有的病鱼肠道脱出肛门；鳍条发红，充血。颈部、背鳍下部隆起；体色发黑，不吃食。解剖发现消化道内很少食物，充满浅黄色黏液，并有少许白色黏性团块，肝脏、肾脏发生脓肿性出血或肿大贫血，也有的出现肝脏局部坏死和出血。这个病从牙鲆鱼苗到成鱼都有可能发生，当养殖水温在17℃以上，鱼的密度过大、水的比重过低、摄食过量时，也容易发生此病（袁春营等，2006）。

（2）防治方法

由于腹水病多发生在水温高、过量摄食、换水率低、池底污浊的情况下，所以首先需要加大换水量，去除池底污物，保证池水干净、卫生；其次，要降低投饵量，防止过量摄食，使鱼处在70%的饱食状态即可，这一点在夏天尤其重要；第三，要减少鱼苗数量，保持一个合理的养殖密度；第四，如果发现患病的鱼，要尽快将病鱼清除，以免感染其他鱼；第五，投喂抗菌素药饵，例如按0.4%~0.5%投喂土霉素进行治疗，或投喂含氨苄青霉素的药饵进行治疗，用药量为每千克鱼50~100毫克/日，连续投喂7天以上（袁春营等，2006）。

4. 淋巴囊肿病

（1）症状

由淋巴囊肿病毒引起。病鱼体表、吻、鳃部、鳍周缘有浅红色囊状肿块，由淋巴结细胞大量集聚而成，呈肿瘤状。病鱼摄食不自由，行动不便，生长缓慢。在河北海水养殖区较为多见，主要发生在春夏季节变换之际，而在山东养殖区则较少发生。淋巴囊肿病毒尽管不会直接导致病鱼死亡，但影响外观，病鱼皆失去商品价值。

（2）防治方法

目前没有很好的治疗药物，主要以预防为主。通过强化引进鱼苗的检疫、降低养殖鱼苗的密度、维持养殖池或网箱清洁卫生等措施可有效减少淋巴囊肿病的发生。有时，随养殖水温的升高淋巴囊肿病鱼可自然治愈。如果出现淋巴囊肿病，要及时将病鱼从池中分离出来，并进行销毁，因为这样的病鱼已经失去商业价值，同时对养殖废水要进行消毒处理，达标后才能排放到环境中（汪岷等，2006）。

四、育种和种苗供应单位

（一）育种单位

1. 中国水产科学研究院黄海水产研究所
地址和邮编：青岛市南京路106号，266071
联系人：陈松林
电话：13964865527
2. 山东海阳黄海水产有限公司
地址和邮编：海阳市西安路，265100
联系人：孙德强

（二）种苗供应单位

1. 中国水产科学研究院黄海水产研究所
地址和邮编：青岛市南京路106号，266071
联系人：李仰真
2. 山东海阳黄海水产有限公司
地址和邮编：海阳市西安路，265100
联系人：孙德强

（三）编写人员名单

陈松林，李仰真